国家出版基金项目
NATIONAL PUBLICATION FOUNDATION

中国卷

世界灌溉工程遗产研究丛书

谭徐明　总主编

邓俊　编著

渠如长藤陂塘连　田有沟洫灌与排

襄阳长渠

长江出版社
CHANGJIANG PRESS

总序

在世界广袤的大地上，分布着丰富且类型多样的人类文明，古代灌溉工程就是其中之一。直到今天，还有相当数量的古代灌溉工程在持续地为人们提供着生活、灌溉和生态供水服务。现存的古代灌溉工程历经长久考验，没有成为西风残照的废墟，也没有成为书籍中刻板的回忆，而是以与自然融为一体的形态存在，并成为兼具工程价值、科学价值和文化价值的人类文明奇迹。

2014年，国际灌溉排水委员会（ICID）开始在世界范围内评选收录灌溉工程遗产，旨在挖掘、保护、利用和宣传具有历史意义的灌溉工程所蕴含的自然哲理、科学思想、文化价值和实用价值。从2014年至2020年，经由中国国家灌排委员会推荐和国际评委会评审，我国有安徽的芍陂、四川的都江堰等二十处具有历史意义的灌溉工程入选世界灌溉工程遗产名录。由此，古老而丰富的中国灌溉工程遗产向世界又开启了一个了解和认识中国文明史的新窗口，让更多的人走进中国悠久而辉煌的水利史，探索这些工程中蕴藏的人与自然和谐相处的理念和古代贤人因势利导的治水智慧和方略。

粮食充裕则天下稳定，人民安居乐业，而灌溉工程正是在洪涝干旱灾害频发的自然环境下保障粮食丰收的关键所在。中国是灌溉文明古国，历朝历代从一国之君到州县官员无不重农桑兴水利，并确立了从中央到民间权、责、利相互结合的灌溉管理制度。农耕文明下的这些灌溉工程及其管理制度和道德约束，为水利发展注入了民族精神，并在历史的长河中衍生出独特的文化和记忆，使得现存的古代灌溉工程在这一独特的文化滋养下世代相传、经久不衰。每一处灌溉工程遗产都是人与自然和谐相处和可持续发展活生生的实证。

中国 5000 年的农耕文明史中，因水资源禀赋和自然环境差异而建造出类型丰富、数量众多的灌溉工程。留存下来的古代灌溉工程得以延续至今，往往缘于这一灌溉工程在规划、选址、选型、建设和管理上的可持续性，随着科技和社会的发展，其功能和效益仍在扩展中。如安徽寿县的芍陂，是我国历史最悠久的大型陂塘蓄水灌溉工程，它始建于战国时期最强盛的楚国，历经 2600 多年后，至今仍灌溉着 67 万亩农田，并成为今天淠史杭灌区的反调节水库。再如有 2270 多年历史的四川都江堰，是世界上年代最久远、仍在发挥作用的无坝引水灌溉工程。留存至今的古代灌溉工程堪称人与自然和谐相处的典范，是可持续发展的活样板。

抛弃历史的前进，终究是无本之木，善于继承方能更好创新发展。在我们拥有先进科学技术的当代，从灌溉工程遗产中汲取经过历史检验的科学理念、智慧和经验，把现代科学技术与经过历史检验的思想和理念相结合，有助于更好地设计和建造人水和谐与可持续发展的灌溉工程。灌溉工程遗产也是重要的文化传承，在灌区现代化建设的过程中应该同时加强对灌溉工程遗产和灌溉文明的保护，让中华大地上美轮美奂的古代灌溉工程和丰富多彩的灌溉文化依然充满生命力，让历史文化在流水潺潺的水渠、在生机勃勃的田野得到永恒延续发展，为我国灌溉文化的生命传承和建设现代化生态灌区注入不竭的动力。

中国水利水电科学研究院原总工程师
2011—2014 年国际灌溉排水委员会第 22 届主席

2023 年 8 月于北京玉渊潭

襄阳长渠

前言

长渠，又称白起渠、荩忱渠，位于湖北省西北部襄阳市，地处汉江中游蛮河流域，是具有2300多年历史的"长藤结瓜"式的蓄水引水灌溉工程。长渠所在的襄宜平原多年平均降水量900毫米，但年内年际分布不均。长渠的修建，极大地推动了襄宜平原的农业发展和经济建设，使该地区成为了汉江中游著名的粮仓。历史上灌溉面积最多时有"溉田万顷"之说，目前灌区灌溉面积约202平方千米，以稻作农业为主。

公元前279年战国晚期，秦国将军白起因战争的需要筑坝开渠，以水淹城。其后人们利用这里的自然条件兴修灌溉工程。5世纪地理著作《水经注》中白起渠已见记载，号称"溉田三千顷"。8世纪时在今湖北南漳县汉江支流蛮河筑堰开渠，引水灌溉襄宜平原，灌区包括今南漳、宜城两县（市）。因引水干渠长百里（约50千米），这一灌溉工程被称为"长渠"。12世纪时出于军事屯田的需要，国家拨款大修，长渠成为政府经营的区域性灌溉工程。这一时期长渠形成了完善的工程体系：以渠塘相连，引水与蓄水结合的"长藤结瓜"式的灌溉工程。长渠作为具有区域特点的工程类型延续至今，19世纪因上游水运与下游灌溉的尖锐矛盾，灌区引水工程一度失修，至20世纪中期，长渠在原址修复。

白起渠工程和灌区情况在史料中少有记载。19世纪的《南漳县志·疆域》称："长渠，又名白起渠。"今天人们往往将长渠与白起渠并称。

长渠灌溉工程体系由三部分组成：渠首枢纽、渠系工程、调蓄工程。渠首工程位于南漳县武安镇附近蛮河主流与支流清凉河汇合处，为低坝侧向引水，坝长120米，高3.4米。目前长渠主水源为三道河水库，灌区跨南漳、宜城两县（市），干渠全长49.25千米，主要支渠34条。渠道流经之处，沿线串起了大量的水库和堰塘。目前灌区共有10座中小型结瓜水库、2161口堰塘，水库与长渠以沟渠相连，有闸门控制。

长渠的延续是以管理作为支撑的。至迟在11世纪末长渠就有了行之有效的用水管理技术和制度保障。北宋时灌区运用节制闸，实行"分时轮灌"技术，干支渠设有几十个"水门"，供水时就近抬高水位，直接灌溉。13世纪至20世纪初，一直沿用官方与民间自治结合的管理体系。目前长渠由襄阳市三道河水电工程管理局管理，日常管理维护费用为财政支付。

　　长渠是我国灌溉工程的典范，工程布局合理，设计巧妙，枢纽工程基本保留了传统的低坝蓄水、泄洪，侧向引水的工程型式，古今渠线基本一致，灌溉着襄宜地区的广大农田，在促进区域社会发展、经济繁荣和抵御自然灾害方面发挥着不可替代的作用。两千多年来，通过官方与民间共同管理的模式，发挥了重要的灌溉效益，使襄阳成为天下膏腴之地，并孕育了丰厚的地域文化。

作　者

2023 年 10 月

目　录

导　言 001

第一章　概　述 002

第一节　区域自然概况 002

一、地理环境 002

二、水文水资源 012

第二节　区域社会经济 021

第三节　区域人文史 026

第四节　区域自然灾害史 030

第二章　长渠工程史 040

第一节　起源与早期发展（战国至唐） 040

一、早期至唐代襄阳水利区经营 041

二、长渠灌溉工程起源：秦伐楚与白起
引水灌鄢 046

三、长渠发展及长藤结瓜灌溉工程的
形成 052

第二节　长渠及其灌区发展

　　　　（宋元明清时期）　　　　059

　　一、宋元明清时期的襄阳水利区　　060

　　二、宋代长渠整修及其经营　　069

　　三、元朝长渠及其经营　　075

　　四、明清长渠及其经营　　076

第三节　传统灌溉工程的转折

　　　　（1911 年至 2020 年）　　079

　　一、近代复修工程的努力　　079

　　二、现代长渠整治　　094

　　三、长渠现状　　102

第四节　工程与灌溉管理　　105

第三章　长渠遗产体系及价值阐释　　108

第一节　工程遗产构成　　108

　　一、渠首枢纽　　109

　　二、渠道工程　　110

　　三、调蓄工程　　112

第二节　相关文化遗产　　113

　　一、长渠相关历史人物　　114

　　二、碑刻及文献资料　　123

第三节　工程遗产价值　　134

一、科学技术价值   135

二、历史文化价值   136

三、科教与景观价值   138

四、社会经济价值   145

第四章　世界灌溉工程遗产与襄阳长渠   153

第一节　申遗之路   153

第二节　遗产标准评估   155

第三节　保护利用思路   156

一、现状评估及存在问题   157

二、遗产保护思路   160

三、遗产利用思路   163

四、完善管理体制   168

五、深化遗产研究   169

结　语   171

附　录   173

长渠大事年表   173

参考文献   184

世界灌溉工程遗产研究丛书

中国卷

导　言

　　长渠灌区地处鄂西北的湖北省襄阳市，位于长江支流汉江中游平原腹地的襄宜平原上。长渠跨越襄阳市南漳县和宜城市，灌区形似橄榄状，是具有2300多年历史的"长藤结瓜"式的蓄水引水灌溉工程。襄宜平原多年平均降水量900毫米，但年内年际分布不均。长渠的修建，极大地推动了襄宜平原的农业发展和经济建设，使本地区成为了汉江中游著名的粮仓，历史上灌溉面积最多时曾达"万顷"。目前长渠灌区灌溉面积30.3万亩，是可持续灌溉工程的典范。

第一章 概 述

自古以来，襄宜平原就有"天下膏腴之地"之称，古人谓之"粗中"，孕育了丰厚的地域文化。

第一节 区域自然概况

襄阳是长江中游重要城市，春秋时期建置，已有长达 2800 多年的历史，具有深厚的历史文化底蕴，历代均为兵家必争之地，具有重要的经济军事战略地位。

一、地理环境

襄阳地处湖北省西北部，居汉水中游，是鄂、豫、渝、陕毗邻地区的中心城市。

（一）地理位置

襄阳市为湖北省辖地级市，湖北省政府确立的省域副中心城市，位于湖北省西北部，居汉水中游，秦岭大巴山余脉，东经 110°45′～113°43′，北纬 31°14′～32°37′，东邻随州市，南界荆门市、宜昌市，西连神农架林区、十堰市，北接河南省南阳市；属亚热带季风气候。全市总面积 1.97 万平方千米，辖 3 区（襄城区、樊城区、襄州区）3 县（南漳县、谷城县、保康县）3 县级市（枣阳市、宜城市、老河口市）3开发区（高新开发区、鱼梁洲开发区、东津新区）。

图1-1　襄阳市区划图（2019年）

长渠位于东经111°51′～112°22′，北纬31°35′～31°48′之间，横跨南漳、宜城两县（市），西起南漳县谢家台村，东至宜城市的赤湖入汉江，全长49.25千米，最大水流量为43立方米每秒，灌溉面积30.3万亩。

长渠灌区是一个以三道河水库为主水源、结瓜水库为调蓄工程，以灌区干支渠为网络的"长藤结瓜"式水利灌溉系统，地处蛮河以北、襄城区潼口河以南、汉江以西、三道河水库以东的广大区域。灌区范围包括南漳县城关、武镇和宜城小河、鄢城、雷河、郑集等6个乡镇以及襄阳市清河农场、南漳县林场、宜城市农科所、宜城市原种场等4个农林牧场。灌区总国土面积978.28平方千米，耕地面积42.68万亩，其中水田24.98万亩，旱地17.7万亩。灌区总人口35.47万人。

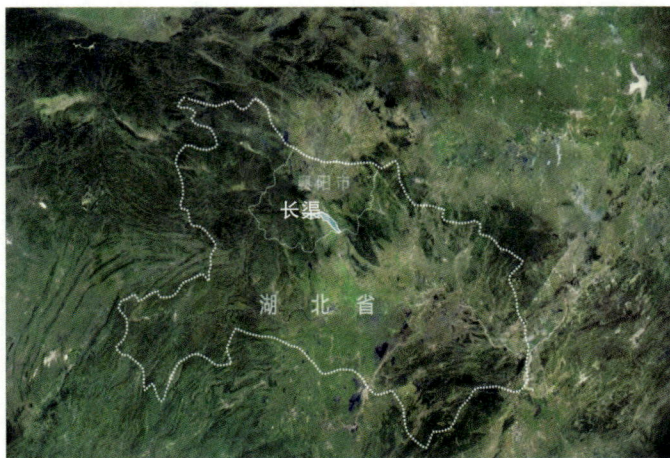

图 1-2　长渠区位图 [①]

（二）地形地貌

襄阳处于我国第二阶梯向第三阶梯过渡地带，地形地貌多样，涉及西南部秦巴山区、东南部大洪山余脉、北部鄂北丘陵岗地、中部汉江平原四大地理板块。汉水由北向南从中将市域划分为东西两部分。地势东低西高，整体地貌可分为西部山地、中部岗地平原及东部低山丘陵三个地形区，各区约占襄阳总面积的比为 4：4：2。市境最高山峰位于保康县歇马镇的关山，是荆山山脉主峰，海拔 2000 米；市境最低处位于宜城市郑集镇的八角庙村，海拔 44 米。

1. 山川形要

（1）地形

襄阳市处于我国地势第二阶梯向第三阶梯过渡地带，总地势自西北向东南倾斜，西部为山地，中部为岗地、平原，东部为低山丘陵。

---

① 来源：项目自绘。

表 1-1　　　　　　　　　　　襄阳市地形情况表

地形	具体情况
西部山地	由武当山余脉和荆山山脉北段组成，包括保康县全部、谷城县大部、南漳县西中部，面积约 8000 平方千米，占全市总面积 40.6%。区内海拔平均 400 米以上，千米以上山峰有 403 座，山陡谷深，土层浅薄。位于保康西南歇马镇的关山，是荆山山脉主峰，海拔 2000 米，为市境最高山峰。
中部岗地平原	是介于西部山地和东部低山丘陵之间的宽阔地带，面积约 8700 平方千米，占全市总面积 44.2%。自西往东，有隆中山、岘山、长山等横贯其间，将其分割成两部分，其中北部以岗地为主，南部以平原为主。北部岗地系南阳盆地南缘部分，包括老河口市、樊城区全部，襄州区（含襄北农场）北部、枣阳市北部，俗称"三北"岗地，面积约 5900 平方千米，区内岗垄相间，波状起伏，海拔 70~160 米，相对高差 20 米左右，土层深厚，植被稀少；南部平原为江汉平原的宜（城）钟（祥）夹道地带，以及流经北部岗地的汉江、唐白河干流沿岸冲积平原，面积约 2800 平方千米，区内海拔多在 100 米以下，地势低平，土层深厚，土质肥沃。位于宜城郑集镇的八角庙村，海拔 44 米，是市境最低处。
东部低山丘陵	系桐柏山、大洪山余脉的延伸部分，主要分布于枣阳市东部、南部，襄州区南部，宜城市汉江以东地区，面积约 3000 平方千米，占全市总面积 15.2%。区内海拔多在 200~400 米，相对高差 40~150 米，地势东高西低，山体由第三纪红色砂岩和第四纪黏土构成，山丘平缓，沟谷开阔，土层较厚。位于枣阳东北新市镇的玉皇顶，海拔 778.5 米；位于宜城东南流水镇的洪山大坡，海拔 555 米。

（2）地质

襄阳市地跨扬子准地台和秦岭地槽两个不同的大地构造单元，地质演化大致经历了 3 个阶段：泛地槽阶段，台、槽分野阶段，地壳活化阶段。

（3）山脉

全市山脉分属武当山、荆山、桐柏山、大洪山等四大山系。

武当山系：该山系在襄阳境内主要分布于老河口市西北部、谷城县西北部、保康县西北局部。老河口市境有朱连山（又名珠连山、杏山）、青杠扒岭；谷城县境有薤山、摩天岭、东马鞍山；保康县境有香草岭、园包观、五佛庵岭。

荆山山系：该山系在襄阳境内主要分布于保康县几近全部、谷城县西南部、南漳县西及中部、宜城市西南与东北部、襄城区西南部。保康县境有关山、望佛山、三尖山、聚龙山、朝元山、九路寨、老架山、茅山岩、凤凰山、官山、玉皇顶、大石脑、大官帽山；谷城县境有青龙山、偏头山、云峰寨；南漳县境有七里山、玉溪山、过凤垭、天宝寨、主山寨、高脚顶；宜城市境有八万山、南界山、金牛山、石盐山、杨家大山；襄城区境有隆中山、钱家山、万山、摩旗山、琵琶山、虎头山、羊祜山、真武山、郑家山、岘首山、凤凰山、扁山。

桐柏山系：该山系在襄阳境内主要分布于枣阳市东北部，有玉皇顶、大阜山、唐梓山。

大洪山系：该山系在襄阳境内主要分布于枣阳市西南部、襄州区南部、宜城市东部。枣阳市境有光武山（又名狮子山）、梁家山（又名瀯源山）、青峰岭（又名小洪山）；襄州区境有万家大山、鹿门山（又名苏岭山）、马头岭、霸王山；宜城市境有长山、代古鼎、马头山、两乳山、卧牛山、红山大坡、洪山大坡。

隆中山：位于襄城区西部，因此山隆然中起得名，距襄阳城西南 13 千米，主峰海拔 307 米。因诸葛亮青年时期在此寓居 10 年，建有祠宇纪念。

鹿门山：位于襄州区西南部，本名苏岭山，东汉建武年间建寺庙于此，因庙前神道入口两侧各立一石鹿，故改称"鹿门山"，主峰海拔 350 米。东汉末年襄阳名士庞德公栖居此山终老，唐代襄阳籍诗人孟浩然、皮日休相继隐居此山，明嘉靖四年（公元

1525 年）重建庙宇时因此而名"三高祠"，也称"鹿门寺"，奉祠庞德公、孟浩然、皮日休三人。

图 1-3 《光绪襄阳府志》中的山形图

岘首山：距襄阳城南约 2.5 千米，山顶海拔 117 米，当地俗称"小山"，北宋庆历年间襄州知州王洙诗赞"襄阳南出大路奔，小山曰岘名特尊"。山顶建有岘首亭（又名文笔峰塔），山南麓建有羊杜祠（祀西晋荆州都督羊祜及其继任者杜预），并立碑纪念。人们感念羊祜恩德，见碑莫不泪下，故碑称作"堕泪碑"，为历代文人雅士所歌咏。今亭、祠、碑无存。

凤凰山：又名白马山，距襄阳城南约 3.3 千米，主峰海拔 281 米。山南麓冲地建有"习家池""习氏祠堂"，冲地再东南有凤林关、凤凰亭、凤凰滩。王安石有两首《凤凰山》。

癞毒山：因山形酷似癞蛤蟆得名，距襄阳城南 2 千米，主峰海拔 160 米。山北麓建有"张文贞公祠"（简称"张公祠"），为祭祀唐朝宰相张柬之（襄阳人）而建。现张公祠及其周边为国家森林公园。

真武山：本名龟山，其中部突兀而起，似一巨龟伏地，故名。距襄阳城西南 1.5 千米，山顶海拔 162 米。山顶建有真武道观，因之改称真武山，俗称九宫山，相对于道教名山武当山，又称"小武当""小金顶"。山东侧有南宋摩崖石刻"李曾伯纪功铭"，东北有刘备"马跃檀溪"遗址。

万山：又名汉皋山，距襄阳城西 5 千米，山顶海拔 151 米。山顶北坡有"建安七子"之一王粲的故宅遗址、王粲井。王粲曾经在这里居住十多年。山北麓有解佩渚、沉碑潭。解佩渚，因汉水神女在这里解佩的传说故事而得名。沉碑潭，杜预沉碑之处。

薤山：位于谷城西南部，因山上盛产薤白（野生草本植物）得名，传说是神农尝百草植五谷的地方。山体自西南走向东北，面积 45 平方千米，主峰海拔 1099.3 米。该山层峦叠嶂，险峻陡峭，林木苍翠，气候宜人，有"中国南避暑山庄"之称。19 世纪末，美国、挪威等 8 国传教士在此山建有一批别墅避暑。

长渠地处秦岭荆山山脉南支的末端，为典型构造剥蚀低山丘陵区，地势北高南低，北部为中低山，南部为丘陵、岗地。本地区出露地层比较多，水源地库坝区出露地层有志留系下统、泥盆系中统、石炭系中统、二叠系下统、白垩系上统及第四系地层，基岩以砂岩和灰岩为主，第四系地层主要为冲洪积和残坡积层。长渠位于汉江凹陷东缘、淮阳山字型构造弧西翼外弧部分，受燕山运动影响形成单斜构造，与石门背斜组合构成本区基本构造轮廓。石门背斜轴线北西向，核部地层为志留系，南西翼由上古生界组成，岩层倾角近于直立或倒转，同样位于汉水凹陷或地堑与大洪山隆起区的京山褶皱束（三级构造单元）之挠曲部位，是形成地层直立倒转的局部构造条件。根据《中国地震烈度区划图》（GB18306—2001），确定长渠所处地区地震动峰值加速度为0.05g，相应的地震基本烈度为Ⅵ度。

长渠灌区版图与蛮河并向，西北枕王家河，东南抵汉江。灌区西侧与南侧山地系鄂西山地东段的组成部分，由荆山山脉和武当山余脉构成。灌区处于蛮河和汉江交汇的三角地带，整个地势自西北微向东南倾斜。

长渠灌区上游地势有山地、丘陵、岗地、平原多种地貌形态。其西侧与南侧系鄂西山地东段的组成部分，由荆山山脉和武当山余脉构成，地段山脉延伸方向与构造方向相吻合。海拔高程一般为150至200米，坡度在20°至40°间。三道河水库东北面系灰岩形成的长条状山脊，往南由页岩构成了馒头状山丘。

长渠渠首以下自西北向东南呈丘陵、岗地、平原变势，西北高、东南低，地势较为平坦。南漳县境的干渠自西向东延伸。干渠以北是海拔74至85米之间的丘陵，干渠以南是海拔67至74米之间的岗地。渠首滚水坝旁的谢家台突出之土台地面高程为76米，蛮河边沿海拔高程70米左右，最低处是与宜城市交界的界碑头，海拔高程65米。

宜城市境干渠处于汉江二级阶地上，海拔高程在50至70.17米之间，最高的小河镇地面70.17米，朱市火车站地面69米，鄢城办事处（原龙头乡）白庙村地面65米，璞河古楼岗地面58米。长渠干渠于宜城境内自西北向东南延伸，干渠以东，汉江与其二级阶地之间系汉江冲积中原，海拔高程在50至60米之间，最低处为璞河岛口芝麻滩，海拔高程44米。干渠以西蛮河与其二级阶地之间系蛮河流域冲积平原，海拔高程在52至60米之间。

（三）土壤植被

襄阳市土壤类型为土类 6 种、亚类 13 种、土属 57 种、土种 226 种。在 6 种土类中，比重排列依次为黄棕壤、水稻土、石灰土、潮土、紫色土、山地棕壤。据 1982 年全国第二次土壤普查统计，6 种土类在全市（含原辖县级随州市）土地总面积中分布比例分别为 65.31%、14.70%、12.19%、3.54%、3.37%、0.83%。其中黄棕壤为主要种类，集中分布在岗地及部分丘陵地区，土质较差，有机质含量低，孔隙度小，水分蒸发快，怕旱怕涝，易造成水土流失；石灰土多分布在低山丘陵地区，土层较厚，质地粘重，富含钙质，保水肥耐干旱；经过长期耕作熟化形成的水稻土在全市分布广泛；河流两岸阶地一般为潮土，土层深厚，质地疏松；紫色土除襄阳区、樊城区外，全市各地均有分布；山地棕壤分布在保康县高寒地带，土质差，肥力低，较适宜林木生长。全市土壤总体肥力中等，普遍缺氮，大部分缺磷，部分缺钾。

襄阳市地处我国亚热带与暖温带的过渡带，自然资源丰富，生态系统类型多样，是我国暖温带与北亚热带地区生物多样性最丰富的地区之一。襄阳市森林植被属北亚热带植被区，植被组成和群落外貌明显地反映出由亚热带常绿阔叶、落叶阔叶混交林向暖温带落叶、阔叶林过渡的特点。襄阳市域汉江以北的森林以人工林为主，包括马尾松、杨树、杉木、柏木、刺槐、旱柳、枫杨等乡土树种和枣、苹果、桃、梨、葡萄、柑橘等经济林树种。襄阳市西南以山区为主，主要分布有落叶栎类、青冈、马尾松、杉木、枫杨等树种。襄阳市域内有维管束植物 2119 种，其中种子植物 2026 种、蕨类植物 93 种，国家一、二级重点保护野生植物 37 种。20 世纪五六十年代以来，襄阳市先后设立过 27 个国有林场，经营总面积达 68.9 万亩，随着经济社会的发展和国有林场改革的深入推进，全市现保留国有林场 25 个，经营面积 57.89 万亩。全市国有林场森林覆盖率超过 90%，是全市森林资源最丰富、森林景观最优美、生物多样性最富集、生态功能最完善的区域，对维护生态安全发挥了重要的作用。根据 2022 年度林草湿动态监测数据统计，襄阳市林地总面积 90.32 万公顷，占土地总面积 45.79%。其中乔木林地 83.16 万公顷，竹林地 0.11 万公顷，疏林地 0.0036 万公顷，灌木林地 3.36 万公顷（其中国家特别规定灌木林地 1.87 万公顷），其他林地 2.14 万公顷。森林面积 83.27 万公顷，森林覆盖率 42.21%。

长渠灌区土壤分为潮土类、黄棕壤土和水稻土。潮土类也称"油沙土""夜潮土"，分布于汉江、蛮河沿岸平原。土壤为近代河流冲积物母质。一般冲积形成的规律是："紧出沙慢出淤，不紧不慢沙和泥"。种植历史较久，熟化程度高，质地适中，疏松、易耕作。土壤 pH 值 7.5~8，呈微碱性反应。地势平坦，耕地集中连片，相对高差在 0.3 米以下，耕地坡度小于 6°。是粮、棉、油生产的理想土壤。

黄棕壤土在所有岗地均有分布，土壤质地较重，具有瘦、浅、板、冷、缺磷等不良特性，但熟化程度好。耕层厚，易滞水，通透性差。土壤 pH 值 6~7，呈微酸性反应。

水稻土在灌区内分布较广，遍及灌区水稻产区。水稻土是以种植水稻为主，逐渐形成一种特殊耕作层和特有的土体结构，是人类劳动的产物。土壤特点是土层深厚，质地粘重，耕层较浅，缺素面积大。土壤 pH 值 7.5~7.8。灌区在长期耕种过程中，由于进行合理利用与改良，实行水旱轮作，改进施肥方法，加强农田基本建设，消除水害，改造低产水稻田等措施，作物产量有很大提高。但仍有一些低产水稻田，存在冷浸、土壤潜育化等，有待改造，以发挥其潜力，提高作物产量。

长渠灌区地处亚热带，适宜林木生长。灌区内常见的主要树种有 54 科、150 多种，其中用材林、薪炭林树种 50 多种，经济林树种 25 种，园林观赏树种 43 种，竹子 6 种。主要乔木、藤本植物 30 多种。长渠灌区内分为"汉水河谷平原防护林区"和"中部岗地薪炭林区"两个分区。

汉水河谷平原防护林区以营造汉江、蛮河防护林和"四旁"（宅旁、村旁、路旁、水旁）植树为主。防护林包括防风固沙林、农田防护林、水土保持林、水源涵养林、道路养护林等。"四旁"植树主要是充分利用水旁、路旁、村旁、宅旁闲散土地，提高森林覆盖率。采取常绿落叶相结合，基本实现有道树成荫，堤岸树成林，树林绕村转，花草相配，绿化、美化的局面。

二、水文水资源

襄阳地处汉江中游平原西北，属亚热带季风气候区。襄宜平原多年平均降水量 900 毫米，但年内分布不均。襄阳市位于湖北省西北部，居汉水中游，因地处襄水之阳而得名，是中国历史文化名城，是荆楚文化的发祥地、汉水文化的核心区、三国文化之源和古城文化的代表性区域，素有"华夏第一城池、兵家必争之地""南船北马、七省通衢"之称，军事、交通战略地位极为重要。特殊的地理位置和依山傍水的独特环境，造就了"千帆所聚、万商云集"的繁荣景象，促成了襄阳市因水而兴，因水而盛。发达的水系孕育了繁荣的经济，但也给沿线城镇造成了一定的洪水威胁和内涝风险。襄阳兼具南北气候特点，年均降雨量偏低，整体属于湖北省径流低值区，加之水资源的时空分布不均，导致鄂北岗地等部分地区水资源匮乏和用水紧张。

（一）气候气象

襄阳市属亚热带季风性大陆气候区，具有四季分明、气候温和、光照充足、热量丰富、降水适中、雨热同季等特点。年均降水量 828~928 毫米，夏季降雨多、湿度大，冬季降雨少、空气干燥。大于等于 2 毫米的降水日数，平均每年约 70 天，年平均暴雨日数 2 天左右。年均气温 15.2~16.0℃，1 月平均气温最低，为 3℃左右；7 月平均气温最高，为 27.4℃左右；日极端气温最高值为 42.5℃，最低值为 –19.7℃。

襄阳四季分明，冬季多偏北风，夏季多偏南风，以冬夏为主，春季较短，气温冬冷夏热，陆性率 64%，属大陆气候。全年平均日照时数为 1622~1841 小时，光照充足，光热资源富裕。平均无霜期约为 240 天，初霜 11 月中旬，终霜 3 月下旬，汉江和蛮河沿岸平原无霜期稍短。严寒时间短，农作物生长期充分，对于逐年出产两季作物的灌溉区而言，热量充足。但春秋季节频繁的冷空气活动、快速降温现象，导致冷害频繁发生，限制了全年热量的有效利用。

襄阳冬季寒冷，夏季炎热。春季气温快速上升，平均每月上升 5℃，3 至 6 月平均气温逐渐增加，5 月份平均气温相较 2 月份增加 16.6℃，某些年份甚至增加 26.9℃。由于气温上升迅速，夏季提前到来，春季仅为 60 天，为四季中最短。此时冬夏季风相互交替，气流变化大，多雨多变，是全年降雨最多的季节。夏季高温高蒸发，降水多集中。夏季在全年中温度超过 35℃的天数占

99.2%，暴雨日占 73%，降雨量占 44%，暴雨日平均每日降雨量 120 毫米。由于雨水强度大，降水过于集中，导致容易出现旱涝灾害。20~30 天以上的干旱天气发生频率约为十年八次，蒸发量在 6、7、8 三个月达到 669.6 毫米（1972 年），占全年蒸发量的 47%，对水稻生长造成一定影响。秋季秋分节前后会出现"寒露风"天气，气温迅速下降。自 9 月份以来，平均每月气温下降 5℃，直至 11 月，根据气温划分，季节过渡至冬季。秋季略长于春季，但不到 70 天。秋季雨量较春季少（占全年降雨总量的 21%），出现干旱和涝灾情况，干旱频繁于涝灾。冬季气温低且降水较少，气候干旱。一年中，降雨间隔最长的时段通常出现在冬季。冬季干旱气候对冬季作物的早期生长不利，但灌溉区域基本没有严寒天气。整个冬季中，日平均气温低于 0℃ 的天数平均仅为 13 天，最冷的月份平均气温 -0.6℃（1977 年 1 月）。冰冻和积雪的期间较短，深度也浅，使得冬季作物相对安全。

（二）河流水系

襄阳市境内有大小河流 985 条，其中流域面积在 100 平方千米以上的 66 条，均属长江水系，次分汉江、沮漳河两水系，最终汇入长江。年均径流总量约 64.97 亿立方米，正常年过境水量约 350 亿立方米。全市最主要的河流汉江，自丹江口水库坝下黄家港流入襄阳境内，经老河口、谷城、襄阳市区，南出宜城市芝麻滩入钟祥市，境内汉江全长 195 千米，流域面积 16893 平方千米，占全市总面积的 85.63%。汉江一、二级支流有北河、南河、清河、唐河、白河、滚河、淳河、黑青河、蛮河等。主要水库有腾庄水库、齐岗水库、孟桥川水库、小桥河水库、冯营水库、马冲水库、西排子河水库、红水河水库、烈士陵水库、华阳河水库、熊河水库、团湖水库、普陀堰水库、赵冲水库、鲤鱼桥水库等。

表 1-2 　　　　　　　　　　　　　　　襄阳市河流水系表

水系	干流	支流	具体描述
汉江水系			由汉江干流及其支流组成，境内流域面积 16893 平方千米，占全市总面积 85.63%。
	汉江		又名汉水，古称沔水，或汉沔、沔汉联称，襄阳及其以下河段亦称襄江、襄河。源于秦岭南麓陕西省留坝县西，干流流经陕西、湖北两省，全长 1577 千米，于武汉市汉口龙王庙注入长江。汉江干流自丹江口水库坝下黄家港入境，自西北流向东南，依次流经老河口、谷城、樊城、襄城、襄州、宜城等县（市、区），至宜城芝麻滩出境入钟祥市。境内长 195 千米，河道属游荡性分汊型河道，区间入汇河溪较多，河谷开阔，河道宽浅，洲滩密布，河水分汊，水流散乱，枯水期河宽 300~400 米，洪水期漫滩后河宽 2000~3000 米。据襄阳水文站观测，夏季最高洪水位 71.71 米，发生在 1935 年 7 月 7 日，相应洪峰流量 52400 立方米每秒；秋季最高洪水位 69.92 米，发生在 1964 年 10 月 6 日，相应洪峰流量 26400 立方米每秒；最低水位 59.75 米，发生在 2004 年 7 月 16 日；最小流量 145 立方米每秒，发生在 1958 年 3 月 12 日；年均流量 1293 立方米每秒。境内干流建有水（航）电枢纽工程 2 处，水电站水库总库容 5.545 亿立方米。装机 10 台，总容量 19.9 万千瓦。境内直接入汇干流的支流共计 49 条，其中左岸 34 条，右岸 15 条。直接入汇的主要支流依次有北河、南河、清河、唐白河、南渠、淳河、莺河、蛮河等。
		北河	汉江右（南）岸支流。南北朝称泛水，清代称古洋河，后因位于谷城县境之北，由此与位于县境之南南河相对称，又名北河。源出武当山南麓房县沙河镇南进沟，东流至谷城县紫金镇晏家洲村入境，1974 年前为南河支流，1974 年在安家岗筑坝封堵河口，新开河道长 997 米，缩短流程 7.5 千米，至谷城县城关镇安家岗村直接入汇汉江。境内河长 59.6 千米，流域面积 894.71 平方千米。最高水位发生在 1975 年 8 月 9 日，拦截干流而建的中型潭口水库坝顶局部溢流深 15 厘米，水库下游石花镇街处洪峰流量 4870 立方米每秒。年均流量 30 立方米每秒。流域内建有水库中型 2 座、小（1）型 6 座、小（2）型 19 座。

水系	干流	支流	具体描述
		南河	汉江右（南）岸重要支流。秦以前称彭水，后称筑水。因其水汇流峡谷，形似古击弦乐器"筑"，被礁石划出的道道水纹恰似"筑弦"，故得此名；汉时又称粉水，据《南雍州记》载：西汉丞相"肖何夫人渍粉（此河），鲜洁异于诸水，因取为名"，也因之称粉青河、粉清河、粉渍河；再后因流经谷城县境之南，俗称南河。源于神农架林区大神农架山，海拔2933米，自西南流向东北，至保康县马桥镇笔架村后穿房县境，再至保康县寺坪镇大畈村入境，至开峰峪有清溪河注入，东流入谷城县紫金镇玛瑙观村，至谷城县城关镇格垒嘴村汇入汉江。市境全长141.5千米（保康境67.5千米、谷城境74千米），流域面积2568平方千米。最高洪水位发生在1975年8月9日，其中开峰峪站（保康境内）水位211.79米，相应洪峰流量8280立方米每秒；谷城站（谷城境内）水位89.72米，相应洪峰流量12800立方米每秒。据谷城站观测，最小流量7立方米每秒，发生在1958年2月1日；年均流量80立方米每秒。市境两县干流已建成梯级水电枢纽（站）9座，其中保康5座、谷城4座。
		清河	汉江左（北）岸支流。以河水清澈得名，又称小清河。源于河南省淅川县九重乡（1972年前属今邓州市）邹楼村，东南流至邓州市鲁桥入老河口市境，流至黑龙集西入襄州区境，至石桥镇东称东排河，南流至石桥镇南有西排子河注入后称排子河，南流至黄茅山后称清河，东南流至樊城区洪家沟有大李沟注入，南流至樊城区清河口后入汇汉江。市境长度74.5千米，流域面积1376平方千米。最大洪水发生在1935年7月上旬，调查黄茅山处洪峰流量2840立方米每秒；实测最大洪水发生在1964年7月27日，黄茅山站洪峰流量1580立方米每秒。枯水季节，最小流量为0.01立方米每秒。境内流域已建水库为大（2）型2座、中型6座、小（1）型19座、小（2）型45座。

水系	干流	支流	具体描述
		唐白河	汉江左（北）岸重要支流。在汉江所有支流中，除河道长度外，该河流域面积、年均流量、年均径流量均居第一。以市境襄州区双沟镇龚嘴村两河口为界，因支流唐河于此汇入，该河分作上下两段。两段名称不同，上段习惯称白河，下段习惯称唐白河。以域外角度视之，两段准确应合称唐白河。其中上段白河古称淯水，为唐白河正源。源于河南省嵩县攻离山，自西北折转流向东南，经河南省嵩县、南召、南阳（今宛城区）、新野等县（区），至襄州区朱集镇翟湾村入襄阳市境，至两河口长 328 千米，其中市境长度 26 千米。下段唐白河自两河口流向西南，途中于东津镇唐家店纳入滚河，至张湾镇黄沙垴入汇汉江，流程 22.6 千米。市境上下两段河长 48.6 千米，流域面积（支流唐河、滚河在内）4208 平方千米。唐白河水系呈扇形分布，白河、唐河汇流前各自流程长，汇流后流程短促，末段左岸又有滚河注入，且下泄洪水易与汉江干流洪水遭遇，因而下段洪水漫滩出岸成灾频率较高。最大洪水发生在 1975 年 8 月 9 日，上段新店铺站最高水位 85.29 米，相应洪峰流量 4630 立方米每秒；下段董坡处调查最高水位 75.17 米，相应洪峰流量 13400 立方米每秒。据新店铺站观测，上段最低水位发生在 1977 年 6 月 25 日，为 76.51 米；最小流量发生在 1978 年 10 月 16 日，为 0.16 立方米每秒。境内上段建有水库小（1）型 47 座、小（2）型 11 座，并建有泵站 2 座，装机 5 台 1030 千瓦，设计提水能力 4.9 立方米每秒。
		襄水	汉江右（南）岸支流。《汉书·地理志》称，"襄阳位于襄水之阳，故名"；《水经注·沔水》云："应劭曰：'城在襄水之阳，故曰襄阳，是水当断襄水也。'"南北朝张邵始筑襄水土堤，亦即襄阳护城堤（又称救生堤、张公堤），渠侧之地渐被开垦成田；迨至南宋已在渠侧驻军屯垦。该水因之又称襄渠。现为襄城区排洪排渍排污主要沟渠。该渠源出扁山南麓襄城区尹集乡凤凰村，源头名泉水坑，泉口直径 10 余厘米，终年涌水，北流折转东南逶迤下行，至岘首山绕行向南，至庞公街道办事处观音阁村观音阁庙下入汇汉江。全长 14 千米，流域面积 31 平方千米。该流域地势西南高、东北低，每岁夏秋泛涨，历史上常因山洪暴发破堤成灾。近 50 余年间最大洪水发生在 2004 年 8 月 4 日，渠堤多处漫溢或溃决，洪灾造成襄城区直接经济损失 1.4 亿元。灾后，对该渠开发治理进一步加强、提升。

水系	干流	支流	具体描述
		淳河	汉江左（东）岸支流。古称灉水、纯河。源出枣阳市境青峰岭大古顶山，熊集镇耿集社区余家湾，南水北流，至耿集转西至罗岗水库入襄州区境，至东津镇三合村淳河沿折转向南，至王家嘴入汇汉江。全长 67.4 千米，流域面积 626 平方千米。最大洪水发生在 1935 年 7 月上旬，调查秦咀处洪峰流量 1519 立方米每秒；最小流量见于每年枯水季节，为 0.1 立方米每秒。流域建有水库中型 2 座、小（1）型 7 座、小（2）型 35 座。
		蛮河	汉江右（南）岸重要河流。古称鄢水，又改称夷水、蛮水。清同治版《宜城县志》称："蛮水，入县境去城西四十里，地名申家嘴。初名鄢水，宜城在古名鄢，取此水也。后以水出戎夷之地，更名夷水。"《水经注》云："蛮水，夷水也。晋南郡公桓温父名彝（通夷），因讳其名，改称蛮水。"又称蛮河、堰河。源出保康县龙坪镇马虎垭，自西向东，折转向南，流经保康、南漳、宜城等 3 县（市），至宜城市郑集镇王岗村岛口出境入钟祥市，随即至转斗镇王家营小河口入汇汉江。境内河长 184 千米，流域面积 3276 平方千米。最大洪水发生在 1935 年 7 月 7 日，调查武安镇处最高水位 74.60 米，相应洪峰流量 4460 立方米每秒；最小流量发生在 1953 年 4 月 30 日，河道断流。流域建有水库大（2）型 3 座、中型 3 座、小（1）型 20 座、小（2）型 82 座。著名的"百里长渠"是引蛮灌溉工程，为全国最早的灌溉渠，常年灌溉南漳、宜城两县（市）农田面积 30.3 万亩。
		莺河	古名汝水，又名泃水。上游河段名南泉河、汝泉。河源有三支五派之说，北支三派，东、南两支两派，以北支三派中象鼻子溪最长，为正源。源出枣阳市熊集镇青峰岭梁家山，北水南流，至包家湾入宜城市境，向西折转南流，至流水镇雅口入汇汉江。全长 54 千米，流域面积 492 平方千米。最大洪水发生在 1935 年 7 月上旬，河道两岸被淹没。流域建有水库大（2）型 1 座、中型 1 座、小（2）型 10 座。
沮漳河水系			由沮漳河干流及其支流组成，境内流域面积 2835 平方千米，占全市总面积 14.37%。境内直接入汇沮漳河干流的支流计 23 条，其中左岸 12 条、右岸 11 条。主要支流有鸡冠河、漳河。

水系	干流	支流	具体描述
	沮漳河		沮河与漳河流至宜昌市辖当阳市河溶镇两河口后合称沮漳河。两河口以上干流称沮河，又称沮水，古称睢水，为正源。源出保康县境荆山主峰关山偏北东之羊角尖南麓，保康县歇马镇油山村响铃沟，流至堰坪称八道河，东南流至三坪称堰坪河，至歇马镇盘龙村称歇马河，流出竹林口称扁洞河，至重阳入南漳县境，至百福头出南漳境入远安县，至荆州市江陵县李埠镇临江寺入汇长江。市境保康、南漳两县河长94千米。最大洪水发生在1935年7月6日，调查马良坪处洪峰流量2590立方米每秒。马良站设立后观测，汛期最高水位为290.86米；最大流量发生在1971年7月1日，为912立方米每秒；最小流量发生在1981年6月10日，为0.47立方米每秒。境内干流建有水电站3座，发电装机9台，总容量3.34万千瓦，其中峡口水电枢纽工程最大，电站水库总容量1.36亿立方米，发电装机3台，总容量3.16万千瓦。
		鸡冠河	境内沮水右（北）岸支流。源出保康县歇马镇施家沟村五股水，南流至许家阳坡称锣鼓寨河，东南流有王家沟水注入后称战口河，再流有霸王河注入后称霸王河，再流有千担沟、打马石沟、盆圆沟水注入后称塔马坪河，再流折转向南有石板沟水注入，再折转向东北后称鸡冠河，流至马良镇马良街村入汇沮河。全长36.1千米。
		漳河	沮漳河最大支流。又称漳水。古名南漳，以别于山西省境清漳、浊漳两河而名；今南漳县因之得名。据《湖北河流集》载，源出保康县龙坪镇黄龙洞沟，随即流入南漳县薛坪镇三景庄，东南流至东巩镇傅家畈出南漳境入远安县。其中南漳县境河长91千米，流域面积1140平方千米。关于漳河源，习惯认为是南漳县薛坪镇三景庄（该处因有老龙洞、自生桥、蓬莱观三景得名）。2004年11月，漳河源被命名为"襄樊市漳河源市级自然保护区"；2012年，漳河源升级为省级自然保护区。漳河最大洪水发生在1935年7月上旬，调查打鼓台处洪峰流量2870立方米每秒。打鼓台站设立后观测，汛期最高水位为257.74米；最大流量发生在1999年7月5日，为1410立方米每秒；最小流量发生在1975年5月8日，河道干枯，流量基本为零。流域内建有水库小（1）型2座、小（2）型31座，并建有小水电站12座，发电装机26台，总容量4611千瓦。

（三）水资源量

根据 2022 年度《襄阳市水资源公报》，2022 年襄阳市平均降水量 751.3 毫米，比多年平均值偏少 15.3%，属偏枯水年。全市水资源总量 36.5858 亿立方米，其中地表水资源量为 32.8325 亿立方米、地下水资源量为 19.6783 亿立方米、地下水资源与地表水资源不重复量为 3.7533 亿立方米。

2022 年全市入境水量 283.1376 亿立方米，是全市水资源总量的 7.7 倍。其中汉江干流入境 242.4 亿立方米，全市出境水量 316.4274 亿立方米。

2022 年全市 14 座大型水库（含 5 座电站水库）和 60 座中型水库（含 3 座电站水库）年末总蓄水量 18.0306 亿立方米，较年初蓄水量减少 6.0997 亿立方米。

2022 年，全市用水总量为 43.4507 亿立方米，其中：农业用水为 25.0499 亿立方米，占用水总量的 58%；工业用水为 13.7226 亿立方米，占用水总量的 32%；城镇公共用水 1.2091 亿立方米，占用水总量的 3%；居民生活用水 2.8186 亿立方米，占用水总量的 6%；生态环境用水 0.6505 亿立方米，占用水总量的 1%。地表水源供水量 41.5277 亿立方米，占供水总量的 95.6%；地下水源供水量 1.8874 亿立方米，占供水总量的 4.3%；其他水源供水量为 0.0356 亿立方米，占供水总量的 0.1%。

2022 年，全市人均用水量 824 立方米，万元地区生产总值用水量 74 立方米，万元工业增加值用水量 57 立方米。

长渠灌区灌溉来水主要有三道河水库、灌区大中小型水库及堰塘。长渠灌区水量供需平衡情况：灌区多年平均来水量 41609 万立方米，平水年份来水总量 26287 万立方米，平水年份需水总量 20981 万立方米，富余水量 5306 万立方米。

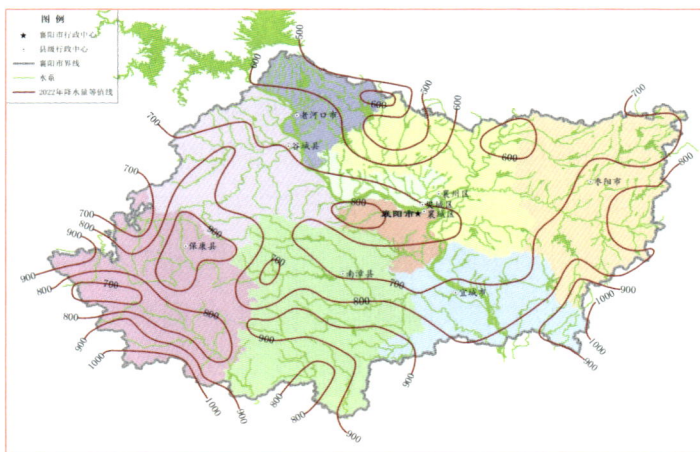

图1-4　2022年襄阳市年降水量等值线图 [1]

在有塘堰和小型水库的地区首先使用塘堰和小型水库水源，无小型水库与塘堰工程水源，使用三道河水库水源。鲤鱼桥水库控制的灌区，首先使用小型水源工程供水，而后利用鲤鱼桥水库水源作为补充。由于长渠灌区属丘陵灌区，且渠道线路较长，汉江、蛮河沿岸及尾水灌区，短时间内供水不及时，可采取提取汉江、蛮河和地下水加以补充，满足不同年份各种灌水需要。

第二节　区域社会经济

襄阳位于长江支流汉江的中游，是鄂、豫、渝、陕毗邻地区的中心城市，是湖北省的第二大经济体，也是省域副中心城市。2023年，襄阳经济总量连续两年位居中部非省会城市第1位。

[1] 来源：2022年度《襄阳市水资源公报》。

襄阳有悠久的历史。考古发现表明，旧石器时代人类曾在这一地区使用石器工具。由于其特殊的地理位置，襄阳的文化得到了互相融合。到目前为止，在襄阳市内已经发现了30多处旧石器和新石器时代的遗址，这表明十几万年前已经有人类在这里居住。春秋战国时期，襄阳是楚国的一部分，襄阳以南50千米处是楚国国都楚皇城的遗址。

襄阳在两汉时期迅速发展。公元190年，刘表迁荆州治所于襄阳，208年曹操设立"襄阳郡"，这十几年间襄阳成为中国地区性中心。东汉初平元年（公元190年），刘表被任命为荆州牧，将府治由汉寿（今湖南常德）迁至襄阳，襄阳成为荆州的政治中心，辖区包括今日湖北、湖南两省，河南南部，以及广东、广西、贵州三省区的部分地区。东汉时期，襄阳经济蓬勃发展，年谷价格高涨。著名的三顾茅庐和隆中对策的故事皆发生于此。樊城北郊的罩口川是关羽曾成功水淹曹操七军的古战场。建安十三年（公元208年），曹操占领襄阳，并设立了襄阳郡。

两晋南北朝时期战争不断。东晋太元二年（公元377年），朱序担任梁州刺史，镇守襄阳。在前秦苻坚进攻时，朱序的母亲韩夫人率领奴婢和城中妇女筑起"夫人城"来抵御敌人，这个故事被传为千古佳话。南齐永泰元年（公元498年），萧衍成为雍州刺史，驻守襄阳。永元二年（公元500年），他在襄阳发动起义，夺取帝位，建立了萧梁王朝，即梁武帝。

西魏恭帝元年（公元554年）设襄州代替雍州，设治于襄阳。隋大业初成立襄阳郡。

唐朝时期，襄州是襄阳的治所。开元二十一年（公元733年），根据山川地势将国家分为十五道，其中山南东道的治所设在襄阳。到了乾元元年（公元 758 年），在襄阳成立了山南东道节度使，管辖范围包括现今的湖北西半部、河南、陕西和四川的部分地区。

北宋熙宁五年（公元 1072 年）划设京西南路，首府设在襄阳。宣和元年（公元 1119 年）升格为府，仍设于襄阳。北宋末年，黄河流域被金人占领，襄阳此后成为边防要塞。绍兴四年（公元 1134 年），岳飞率军夺回襄阳。咸淳三年（公元 1267 年），元军围攻襄阳，经 6 年围困方才攻克。元代至元年间将襄阳府升格为襄阳路，襄阳路划归河南行省。

明初襄阳重新成为襄阳府，隶属湖广承宣布政使司，府治设在襄阳，管辖 10 县 2 州。明末李自成攻克襄阳，将其改名为襄京，并自封为新顺王。

清代襄阳府位于湖北省，管辖 1 州 6 县。

图 1-5 《光绪襄阳府志》中的襄阳县图

民国时，1914 年设襄阳道，1932 年改为第八行政督察区。

中华人民共和国成立后，1949 年设襄阳专区。1953 年合并设立省辖襄樊市，拆分襄阳县城区与樊城。1958 年，襄樊市（县级）升格为襄阳专署直辖。

1968 年 1 月，湖北省襄阳地区革命委员会组建，取代湖北省襄阳专员公署。

1978 年 10 月，湖北省襄阳地区的革命委员会被改组成为湖北省襄阳地区行政公署（简称"襄阳行署"）。

1979 年 6 月，襄樊市升格为省辖市。

1983 年 8 月 19 日，国务院批准撤销襄阳地区，其行政区域并入襄樊市。

2001 年 8 月 31 日，撤销襄阳县，设立襄樊市襄阳区。将原襄阳县的张湾镇、东津镇、双沟镇、张家集镇、峪山镇、黄龙镇、程河镇、朱集镇、古驿镇、伙牌镇、黄集镇、石桥镇、龙王镇和襄樊市樊城区的米庄镇划归襄阳区管辖。

2010 年 12 月 9 日，襄樊市正式更名为襄阳市，襄阳区正式更名为襄州区。襄阳市统辖襄城、樊城、襄州 3 区，南漳、谷城、保康 3 县，枣阳、宜城、老河口 3 县级市。

截至 2023 年 3 月，襄阳市共辖 9 个县级行政区、包括 3 个市辖区、3 个县级市、3 个县，分别是襄城区、樊城区、襄州区、老河口市、枣阳市、宜城市、南漳县、谷城县、保康县。

根据《襄阳市 2023 年国民经济和社会发展统计公报》，2023 年全市地区生产总值（GDP）5842.91 亿元，按不变价格计算，比上年增长 4.8%。其中，第一产业增加值 578.89 亿元，增长 3.8%；第二产业增加值 2480.14 亿元，增长 3.3%；第三产业增加值 2783.87 亿元，增长 6.5%。三次产业结构由 2022 年的 10.8∶44.4∶44.8 调整为 9.9∶42.5∶47.6。人均地区生产总值 11.1 万元。

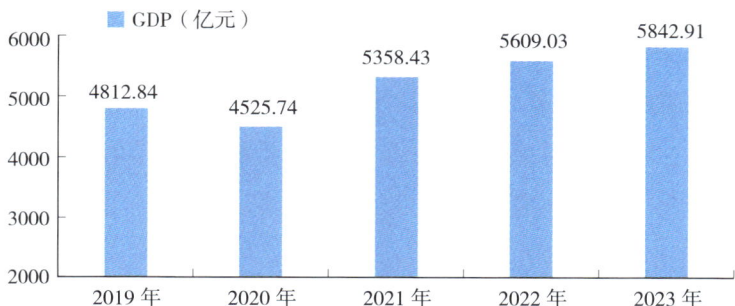

图 1-6　2019—2023 年襄阳市地区生产总值

2023 年末全市户籍人口 583.66 万人。其中，出生人口 2.94 万人，户籍人口出生率为 5‰；死亡人口 2.96 万人，户籍人口死亡率为 5.1‰。年末全市常住人口 527.85 万人，常住人口城镇化率为 64.15%。

襄阳的工业以汽车产业、农产品加工业、装备制造、医药化工、电子信息、新能源、新材料等为主。其中，汽车产业是襄阳的支柱产业之一，襄阳是东风汽车集团有限公司的重要生产基地之一。

襄阳是鄂、渝、豫、陕四省（市）毗邻地区的交通枢纽，自古即为交通要塞，素有"七省通衢"之称。襄阳的铁路、公路、水路和航空运输都比较发达，是全国重要的交通枢纽之一。

近年来，襄阳的教育、医疗、住房等方面的条件也得到了很大的改善，为市民提供了更好的生活保障。同时，襄阳的文化、旅游、娱乐等方面也得到了大力的发展，日益成为全国知名的旅游城市。

襄阳长渠所在区域跨南漳、宜城二县（市）。南漳县位于湖北省西北部、汉水以南、荆山山脉东麓，地处江汉平原的北缘、南阳盆地的南缘、秦巴山系的东缘，是楚文化的发祥地，历史悠久，文化丰富。宜城市西邻南漳，历史悠久，夏朝为鄀国，至今已有近4000年的历史，境内历史遗址丰富，以石器时代到秦汉时期为最。长渠灌区在汉、唐、宋、元时期，是重要的农业基地，曾被誉为"天下膏腴"之地。2000多年后的今天，长渠灌区仍是农业经济发展的重要区域。长渠在襄宜平原的农业经济、政治和文化方面的发展上发挥了巨大的作用。

第三节　区域人文史

作为国家历史文化名城，襄阳拥有超过两千年的历史文化传承和大批珍贵文物古迹，同时也是汉江流域文化的发祥地之一。襄城位于汉江中游的半山半平原地带，樊城坐落在汉江西北，而襄阳则位于汉江东南。市区内最大的河流是汉江，自西北流入该地，沿途经过老河口、谷城、襄城、樊城，贯穿宜城后由南部流出。襄阳城区坐落在山水之间，东南是岘山等群山环绕，西面有隆中山和万山，加上汉江流经城市，南渠、习家池、鱼梁洲等点缀其中，共同构成了"江—山—河—池—洲—城"的整体空间布局和文化环境。

襄阳市历史悠久，有闻名于世的历史积淀出的深厚人文底蕴，拥有丰富且独特的文化。

襄阳市是荆楚文化的发祥地，涵养了楚赋创始人宋玉，创造了"下里巴人""阳春白雪""曲高和寡"等典故。留下了穿天节、端公舞、牵钩戏、唢呐巫音、苞茅缩酒等楚风习俗，还有西周邓城、宜城楚皇城、南漳楚寨群、枣阳九连墩等楚文化遗址。

　　三国时期文化源自汉末，延续至魏晋。在百年战乱时期，刘备三访草庐，诸葛亮睿智分析时局，提出《隆中对》，使襄阳成为三国鼎立的发端；羊祜镇守襄阳、杜预上表灭吴，标志着襄阳成为晋灭吴、完成统一大业的发祥地。东汉末年，北方战乱，刘表出任荆州牧（公元 190—209 年），他"爱护百姓、培养人才，从容应对艰难局面"，有效治理襄阳，使其经济繁荣、社会稳定，成为战乱中的一处"绿洲"。大量士人纷纷涌入襄阳，包括诸葛亮、司马徽、庞德、庞统、徐庶、崔州平等谋士，以及宋忠、王粲、梁鹄、杜夔等杰出人物。东晋历史学家习凿齿创作《汉晋春秋》和《襄阳耆旧记》等著作，对中国历史学产生了重要影响。襄阳市是"中国三国文化之乡"，拥有丰富的三国文化遗产，《三国志》65 卷中有多卷记载了襄阳的故事，《三国演义》120 回中有 32 回发生在襄阳，现存 50 余处三国历史文化遗址和遗迹。这里发生了司马荐贤、三顾茅庐、马跃檀溪、水淹七军、刮骨疗毒等著名的三国故事，培养了诸葛亮的"静以修身，俭以养德""淡泊明志，宁静致远""鞠躬尽瘁，死而后已"的思想和气质。

　　汉水文化在襄阳市独具特色，历史悠久。汉江流域是中华民族的发祥地之一，而襄阳位于汉江中游，地理位置优越，东西南北交通便利。自汉晋时代以来，襄阳一直扮演重要角色，被视为汉江流域的核心城市。其独特的地理位置造就了其作为经济、政治、文化中心的地位，成为汉水文化的重要象征。襄阳商业文明历史悠久，与汉江关系紧密。汉江乃中国古代主要内河，航行便利、繁忙，曾被誉为"黄金水道"。襄阳享有"南船北马、七省通衢"

之盛誉，为汉江流域主要水陆码头，商业繁荣延续 2000 余载。汉代时，襄阳曾实行"南援三州，北集京都，上控陇坻，下接江湖，导财运货，懋迁有无"政策；唐代时，襄阳"来往行舟，沿岸停泊，千帆聚集，商贾云集"；明清时期，商贾"纷至沓来，商店繁荣，客流如织"，20 多个商业会馆和 30 多个码头构建，商业活动辐射至黄河与长江地区。

中国文学的两大源头《诗经》和《楚辞》均起源和交汇于汉江流域。《诗经·汉广》中描绘的汉水女神是中国文学史上最早、影响最深远的江河女神形象。汉水女神形象经历千年传承，已成为汉水女儿的美丽、仁慈、聪颖和高雅的代表，象征着汉江流域人们对美、仁、情的追求。《楚辞》的重要作者襄阳人宋玉和王逸，分别推动了楚辞向楚赋的演变，后者还编纂了《楚辞章句》，为现存最早的《楚辞》注本。

襄阳市是中国著名的书法之城，在历史长河中，诸多杰出的书画家相继涌现，如三国时期的梁鹄和邯郸淳，隋唐时期的丁道护和杜审言，以及北宋时期的米芾、米友仁和张友正等。其中米芾被誉为"米襄阳"，并与苏轼、黄庭坚、蔡襄合称为"宋四家"。他的山水画技巧独具特色，而其名作《研山铭》更成为了千百年来人们临摹学习楷书的典范。

楚北津戍是襄阳

图 1-7　米公祠

城的前身，是一个规模庞大的军事渡口，自从建城以来便深受军事文化的影响。据史料记载，历史上襄阳曾发生过 172 次著名的战争。其中，宋元大战持续时间漫长，长达 6 年，使"铁打的襄阳"声名远扬。"以天下言之，则重在襄阳""兵家必争之地，天下之腰膂"，这些言辞都说明了襄阳在军事战略上的重要地位。

图 1-8　襄阳城

襄阳端午龙舟文化有着悠久的历史。据民俗专家介绍，龙舟赛起源于西汉时期，已有两千年的历史。明代至 20 世纪 50 年代，汉江航运兴盛，两岸码头众多，端午节的龙舟赛达到了顶峰。自 2010 年起，襄阳龙舟赛由民间活动转为政府主办，每年端午节期间，江面上龙舟竞渡，吸引了众多游客，场面非常壮观。

在新民主主义革命时期，襄阳市产生了鄂西北的首个党组织和第一支正规红军。革命家萧楚女曾两次到襄阳传播革命思想，贺龙率领红三军转战鄂西北、中原突围鏖战襄阳、"五路大捷"之一的襄樊战役等，在中国革命史和军事史上占有重要地位。襄阳大地涌现了程克绳、谢远定、黄火青、吴德峰、胡绳等一批老一辈革命家、理论家以及张光年、陈荒煤、梁斌、蓝光等一批文学艺术家。抗日战争时期，襄阳成立了第五战区文化工作委员会，李公朴、老舍、姚雪垠、臧克家、李可染等一批爱国文人志士来到襄阳工作，给襄阳的文化艺术带来新的繁荣。

表 1-3 　　　　　　　　　　襄阳市文化类型表

序号	文化类型	具体描述
1	荆楚文化	作为楚文化的重要发祥地之一，有着深厚的荆楚文化底蕴
2	三国文化	襄阳在三国时期是重要的战略要地，留下了众多与三国相关的遗迹和传说，如古隆中
3	汉水文化	因紧邻汉水，汉水文化在这里得以孕育和发展，包括汉江流域的民俗风情等
4	诗词文化	历史上众多文人墨客在此留下了大量诗词，如孟浩然、皮日休等
5	宗教文化	有多种宗教在此传播和发展，佛教、道教等都有一定影响
6	民间艺术文化	如襄阳花鼓戏、襄阳评书等具有地方特色的艺术形式
7	古城文化	襄阳古城墙等历史建筑体现了独特的古城文化魅力

第四节　区域自然灾害史

襄阳位于长江中游，是自然灾害多发区域，尤以水旱灾害最为严重，水旱灾害造成的直接经济损失远远超过其他自然灾害。襄阳水旱灾害频次较高，且季节性明显。每年的 5 月 1 日至 10 月 15 日为襄阳的汛期，其中 7 至 8 月是主汛期，也是水旱灾害的高发期。在主汛期内，襄阳容易受到暴雨、洪涝、干旱等灾害的影响。此外，每年的 9 至 10 月初，受华西秋雨的影响，襄阳也易发生秋汛。由于特殊的地域性，襄阳市干旱成灾的特点在时间序列上具有相对集中性，主要表现为单季干旱、多季连旱和数年连旱等，持续时间长；在空间分布上具有群发性，危害的范围广，受灾的面积大；在出现频率上具有高发性，十年九旱，大旱五年三次，小旱一年数次；干旱具有诱发其他灾害产生的关联性，在一定程度上，旱灾与其他灾害互为因果，相互作用，关联度高。随着社会经济快速发展，干旱的危害已由主要影响农作物生长、农村生活用水发展到直接影响全市工业生产、城镇居民生活、生态环境等方方面面，涉及的范围广，影响的行业多，造成的经济损失不断加重，成灾频率随年代推移呈上升趋势。

历史上汉江流域尤其是汉江中下游地区开发较早，有相对丰富的历史文献积累，地方志、档案、诗歌文集、日记、私人笔记、碑文石刻、近代的报纸杂志等对灾害记载甚多。如清代的档案资料是由官方组织的有关气候信息的记载，大多以朱批奏折的形式保存，可信度较大，时空分辨率较为清晰，可以提供较为完整的旱涝基本情况。例如乾隆五年（公元 1740 年）八月初四日护理湖北巡抚印务布政使严瑞龙奏："……惟郧阳府属之郧县于七月十一日至十八日淫雨连绵，上游之水下达襄江，一时消泄不及，以致水势涨溢，虽目下已经晴霁，但田舍有无坍没，现在确查。又襄阳府属之襄阳卫地方，于七月十一日夜因蛟水骤发，民房间有倒坍，并淹毙人口，浸没田苗。而安陆府属之钟祥、京山、潜江、沔阳、天门等州县，地本洼下，多属滨河，近于七月十五、六、七连日阴雨，兼之上游襄水陡长（涨），骤难宣泄，水势冲激堤塍亦有坍锉，田禾庐舍，不无淹没。"[1]通过对地方志、正史、《清

---

① 杨光、郭树：《清代长江流域西南国际河流洪涝档案史料》，中华书局，1991 年。

实录》、今人汇编资料等的筛选，将襄阳 1949 年以前的历史旱涝史料摘录（见表 1–4、表 1–5）。

表 1–4　　　　　　　历史洪涝史料（公元 460—1949 年）

公元纪年	历史纪年	灾情
460	南朝宋大明四年	八月，雍州大水。
477	南朝宋昇明元年	七月，雍州大水，平均数丈，百姓资皆漂没。
644	唐贞观十八年	秋，襄州大水。
788	唐贞元四年	襄州大水害稼溺死人，漂没城廓庐舍。
792	唐贞元八年	秋，襄州大水，害稼，漂没城廓庐舍，溺死两万余人
821	唐长庆元年	夏，汉水溢。
824	唐长庆四年	夏，襄均二州汉水溢决。
830	唐大和四年	夏，山南东道，荆、襄大水害稼。
831	唐大和五年	六月，襄州大水害稼。
834	唐大和八年	秋，襄州水害稼。
838	唐开成三年	夏，鄂襄等州大水，江汉涨溢，坏房，均、襄等州民居及田舍殆尽。
841	唐会昌元年	七月，汉水坏襄、荆等州民居甚重。
925	后唐同光三年	九月，襄州汉水溢，漂没庐舍。
931	后唐长兴二年	五月，襄州汉水溢入城，均州水深三丈，坏民庐舍。
938	后晋天福三年	八月，襄州汉水涨一丈一尺。九月，汉水水涨三丈。十月水涨，害稼。
952	后周广顺二年	七月，襄州大水。
953	后周广顺三年	六月，襄州汉水涨溢，城内水深五尺，仓库漂尽，居民溺者甚众，坏羊马。
961	北宋建隆二年	襄州汉水涨溢数丈。
983	北宋太平兴国八年	七月，汉水溢为患。
1003	北宋咸平六年	汉水溢。
1024	北宋乾兴三年	十一月，襄州汉水坏农田。

公元纪年	历史纪年	灾情
1027	北宋天圣五年	襄州水。
1183	南宋淳熙十年	五月，襄阳府大水，漂民庐，盖藏为空。
1192	南宋绍熙三年	七月，襄阳大雨水，汉江溢，败堤坊，圮民庐，没田稼者逾旬。
1205	南宋开禧元年	九月，汉水溢，荆襄郡国水。
1236	南宋端平三年	三月，襄汉江大水。
1301	元大德五年	六月，襄阳七郡水。
1310	元至大三年	六月，襄阳大水，山崩坏，官廨民居死者甚众。七月，宜城水。
1349	元至正九年	七月，汉水溢，漂没民居禾稼。
1390	明洪武二十三年	襄阳水。
1426	明宣德元年	六、七月江水大涨，襄、谷、均、郧沿江民居漂没者半。
1460	明天顺四年	襄、均州、德安府，四至六月，阴雨连绵，冲决堤防，淹没麦禾。
1478	明成化十四年	四月，襄江溢，坏城廓。
1488	明弘治元年	夏，大雨，汉水溢。
1517	明正德十二年	荆、襄江大水涨，田庐漂没，民多溺死。
1551	明嘉靖三十年	七月，汉水大涨泛溢，没堤过半，破城东、南、北三面，官庐民舍一空。
1560	明嘉靖三十九年	四月，大水。七月，复大水。
1578	明万历六年	六月至九月，襄阳雨，汉水溢伤稼
1601	明万历二十九年	八月，汉水泛溢，涨三丈余，七日方退。
1615	明万历四十三年	全楚水旱频。
1632	明崇祯五年	秋，襄属汉水溢，平地高两尺，伤稼。
1657	清顺治十四年	自夏徂秋，汉水数涨为患。
1658	清顺治十五年	秋，汉水溢，漂流禾稼房屋。
1662	清康熙元年	七月，汉水涨溢，坏民居。

公元纪年	历史纪年	灾情
1742	清乾隆七年	宜城等二十一县夏秋皆水。
1779	清乾隆四十四年	宜城大水。
1781	清乾隆四十六年	宜城水。
1794	清乾隆五十九字	夏，襄阳、宜城、钟祥、汉川大水，沿河市房漂没。
1796	清嘉庆元年	秋，汉涨洪西徙，侵损堤址。
1805	清嘉庆十年	大水，城东南北三面溃塌百余处。
1810	清嘉庆十五年	十月大水贯城，平地行舟，乡村镇市塌没房舍、人畜、禾稼无算。
1817	清嘉庆二十二年	七月二十七日、二十八日大水漫城脚。
1819	清嘉庆二十四年	八月八日大水。
1821	清道光元年	六月，水。
1824	清道光四年	自夏徂秋，汉水三涨，漂没禾麦，城乡大疫。
1826	清道光六年	六月四日，东西山、蛮水、南泉河皆大涨，坍塌田房无算。
1832	清道光十二年	六月十六日，大雨淫霖，昼夜不绝，至七月一日，汉水暴涨，决护城堤十余处，溃东北城垣二百四十余丈。圮段楼两座，历六日始退，自后炎旱，蝗食稻，八月十三日至十七日，又大水，自七月至九月，积阴少霁，木棉无花，岁杪数雪严寒，米薪大贵，饿殍载道。
1833	清道光十三年	五月六日，汉江水涨。
1848	清道光二十八年	夏，宜城光化大雨，平地水深数尺，蛮水数溢，汉川宜城皆大水，溺死居民无算。
1849	清道光二十九年	汉川宜城水，蛮水溢。
1852	清咸丰二年	大水，城坏七段，长二百五十丈，圮小南门段楼。
1853	清咸丰三年	七月，汉水溢，坏民居禾稼，决护城堤，溃城垣一百五丈，毁小南门城楼，水退后，大雨月余日。
1860	清咸丰十年	大水。

公元纪年	历史纪年	灾情
1867	清同治六年	八月，汉水溢，入城深丈余，三日始退。
1870	清同治九年	六月，汉水溢，牛疫。
1883	清光绪九年	夏，沔阳、汉川、潜江、宜城水。
1885	清光绪十一年	闰五月，大雨十二日，汉水溢。
1895	清光绪二十一年	汉水与蛮河同溢
1907	清光绪三十三年	夏，江汉水溢，两岸坏堤防甚众。
1909	清宣统元年	五月，汉水溢，襄阳大雨。
1910	清宣统二年	五月，汉水涨。
1919	民国八年	汉江漫溢。
1921	民国十年	汉江水溢。
1926	民国十五年	六月，汉水溢。
1931	民国二十年	七月九日，水漫溢堤身，水位达58.9米，黄家巷、牛路口等处堤防冲坏，房舍冲塌百余处，城墙冲倒数十丈，全县受灾人口1万，面积245平方千米，耕地5.75万亩。
1932	民国二十一年	九月，连日降雨，二十三日汉江涨水，蛮汉两岸溃。
1933	民国二十二年	夏，汉江水。
1934	民国二十三年	汉水宜城水位站最高水位57.86米。
1935	民国二十四年	七月六日，大雨猝至，历14小时之久。七日，汉江水位达61.45米。北至杨家营、羊祜港（汉）、李家街，南至岛口，东至山根，西至杨家岗、胡家岗、上下捞池，其中之官庄、南营、龚家垴、南洲、流水沟、练港河、大家集、谭（潭）滩垴、野鸡城、宝潼河、红山头等处，均已淹没，计长百余里，宽40余里。蛮河方面，上至界碑头，下至岛口，东至郭家岗，西迄山麓，其中璞河垴、孔家湾、右灰窑、朱家咀等处，共长90余里，宽10余里，亦被淹没。倒塌房间16638间，淹死大牲畜16629头。受灾面积790平方千米，农田18.5万亩，人口106300，占总人口209243的50.8%，死亡12484人，入秋，复水成灾。

公元纪年	历史纪年	灾情
1937	民国二十六年	九月二十七日，窑湾水位 58.27 米，县属沿河安乐堤溃口 6 处，下南河等处侵溢受灾田 12700 亩。
1938	民国二十七年	六月二十二日，汉江水涨，窑湾水位 58.13 米，右岸岛口、王岗、护架洲、杨寺庙、万旗营南、小营子等处，堤溃决，黄家沟口以南沿河平原被淹。
1940	民国二十九年	汉江大水，岛口、万旗营堤溃 100 米，沿河平原淹没。
1943	民国三十二年	发洪水，县道多被冲坏。
1945	民国三十四年	汉江大水，岛口、王岗、万旗营南、小营子等处堤溃。
1947	民国三十六年	七月五日、六日，大雨，山洪暴发，襄、蛮两河沿岸多被淹没。

表 1-5   历史旱灾史料（公元 309—1949 年）

公元纪年	历史纪年	灾情
309	西晋永嘉三年	五月，大旱。河洛江汉皆可涉。
502	南朝梁天监元年	大旱，斗米五千，人多饿死。
638	唐贞观十二年	楚旱。冬，不雨至次年五月。
643	唐贞观十七年	春，夏旱。
808	唐元和三年	山南东西道皆旱。
825	唐宝历元年	襄州旱。
1177	南宋淳熙四年	春。尤饥，襄阳府旱。首种不入。
1182	南宋淳熙九年	五月，襄阳府旱。
1209	南宋嘉定二年	春，湖北旱，荆襄府大饥，斗米数千钱，人食草木。
1427	明宣德二年	湖北、陕西、河南旱。
1433	明宣德八年	湖北及北各州府，春夏无雨，二麦不实，秋田未种。

公元纪年	历史纪年	灾情
1438	明正统三年	襄阳诸府五月以来，天时亢旱，禾焦枯。秋粮无从征纳。
1446	明正统十一年	襄阳、荆州、汉阳六、七月不雨。
1449	明正统十四年	夏，湖广、襄阳诸府秋亢旱，禾透焦枯。
1469	明成化五年	旱灾。
1481	明成化十七年	旱灾。
1528	明嘉靖七年	六月，襄阳、宜城等大旱，饥人相食。
1609	明万历三十七年	楚、蜀、河南……皆旱。
1661	清顺治十八年	夏，大旱。
1690	清康熙二十九年	四月，湖北全境旱。
1697	清康熙三十六年	大旱。
1738	清乾隆三年	旱。
1752	清乾隆十七年	襄阳、宜城、枣阳、谷城、均州皆大旱。
1771	清乾隆三十六年	大旱。
1778	清乾隆四十三年	旱。
1785	清乾隆五十年	旱，大饥，斗米千钱。
1797	清嘉庆二年	九月，宜城旱，人乏食，受抚恤。
1813	清嘉庆十八年	旱。秋至次年春大饥，斗米千钱。
1823	清道光三年	九月至十月不雨。
1824	清道光四年	自四月不雨，至六月。
1829	清道光九年	自八月不雨至十一月，桃李华且实。
1835	清道光十五年	五月旱，六、七月虫，八月淫雨，岁歉。
1847	清道光二十七年	夏，大旱。
1856	清咸丰六年	自五月不雨至九月，陂、塘、堰皆涸，首种不入，树木多枯死，有鹊寞于地上，次年春饥，斗米千钱。
1877	清光绪三年	八月至次年二月不雨。

公元纪年	历史纪年	灾情
1882	清光绪八年	夏，旱。
1889	清光绪十五年	旱。
1914	民国三年	湖北旱，成灾。
1929	民国十八年	四月至七月大旱。
1934	民国二十三年	宜城入夏，天久未雨，田地龟坼，秋收平均仅三成，受灾面积 336208.13 亩，灾民 36453 人，粮食受损 27871500 市斤，价值 1672290 元。
1936	民国二十五年	入秋以来，三个月未曾降雨，晚禾皆枯。
1940	民国二十九年	大旱。
1942	民国三十一年	五月至七月未雨，禾苗枯萎，收成约三成。受灾面积 243995 亩，灾民 25000 人。
1944	民国三十三年	入夏以来，数月无雨，田土龟裂禾苗枯槁，加以蝗灾甚重，殃及南营、官庄、新街、王集 4 乡，旱灾遍及全县 19 乡，受灾 26 万亩，占八成，稻谷受损 22 万石，棉花损失 1000 担，受灾 1.9 万户，6.2 万人待赈。
1947	民国三十六年	入夏以来，久旱不雨，田地龟裂，播种难。
1949	民国三十八年	随县受旱人口 2.8 万人，受旱面积 7 万亩。

1949 年以后，1954 年、1956 年、1958 年、1963 年、1964 年、1965 年、1975 年、1980 年、1982 年、1983 年均发生了程度不同的洪水灾害。1952 年、1957 年、1959 年、1960 年、1961 年、1962 年、1966 年、1972 年、1974 年、1978 年、1979 年、1981 年发生了程度不同的旱灾，其中 1959 年百年一遇大旱、1960 年继续大旱、1961 年第三年大旱，三年连旱；自 2010 年秋至 2014 年，境内 5 年连续大旱，为历史少见。

近年来较大的旱涝灾害有：2012 年"8·6"特大洪灾，南漳、保康、谷城三县受灾。2016 年"8·7"特大洪涝灾害，襄阳按照防御"98+"大洪水标准，有效防御 4 轮强降雨过程。2017 年，襄阳成功应对历史罕见的大面积高温伏旱和大范围持续秋汛。2018 年"7·31"南漳特大"坨子雨"，襄阳科学防范 4 轮强降雨过程，成功抗御这次特大降雨袭击。2019 年，襄阳成功应对历史罕见的大范围夏旱连秋旱，成功抗御两轮暴雨山洪袭击，安全平稳度过汉江秋汛。2020 年"一江六河"洪水，襄阳遭遇前旱后涝、旱涝急转、中度气象干旱、12 次大范围强降雨过程。2021 年，襄阳科学防御历史罕见的汉江秋汛和 14 轮局地强降雨，成功处置 5 座小型水库漫坝险情。2023 年秋汛，襄阳战胜了历史罕见的"一江六河"同时发生洪水的险情。

第二章　长渠工程史

长渠 2018 年被国际灌溉排水委员会列入世界灌溉工程遗产名录，成为湖北省首个世界灌溉工程遗产。长渠是中国现存历史最悠久的引水工程之一，经过历代修浚，屡经兴废，目前仍灌溉着南漳县和宜城市的 30 余万亩良田，为当地农业灌溉发挥着重要作用。

图 2-1　长渠航拍图

第一节　起源与早期发展（战国至唐）

秦昭襄王二十八年（公元前 279 年），秦将白起攻楚，取鄢城（今宜城南 8 千米），在城西百里的夷水（古代又称鄢水，即今蛮河）上筑拦河坝，开渠引水灌城。后用其渠道联结陂池，形成陂渠串联式灌溉渠道。这些渠道后被称为白起渠，据称为今长渠的前身。

据《水经注》记载，渠道东注土门陂和新陂，入城北积为熨斗陂，东北出积为臭陂，臭陂以下有朱湖陂，都可灌田。朱湖陂以下入木里沟，白起渠灌田三千顷，木里沟灌田七百顷。唐《元和郡县图志》始称其为长渠。

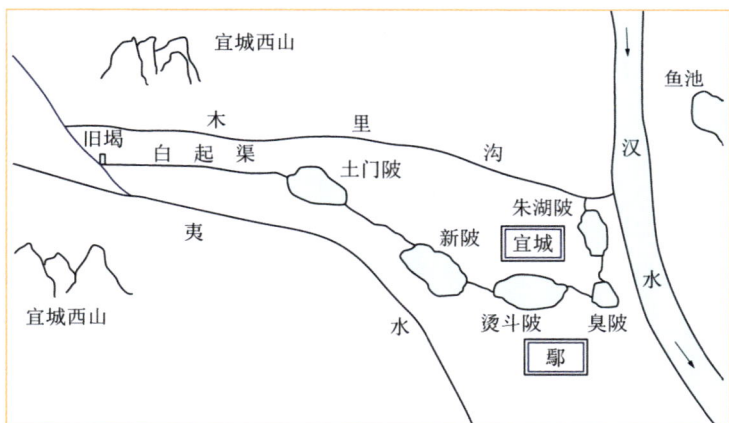

图 2-2　白起渠流经示意图

一、早期至唐代襄阳水利区经营

襄阳独有的地理区位和水陆条件，使其自古以来便是汉水中游水利建设活动频繁的区域，发挥着重要的交通功能，并具有重要的军事政治地位。

襄阳早在战国时期便是楚国之北津戍。其被汉水一江分二城——襄阳与樊城。《汉书·地理志》卷二十八云："襄阳，莽曰相阳（应劭注曰，在襄水之阳）"[1]，是有襄阳；因周宣王封仲

---

① ［东汉］班固：《汉书·地理志》，中华书局，2000 年，第 1566 页。

山甫（樊穆仲）于此，是有樊城，二城隔江而望，唇齿相依。秦时襄阳地区分属南郡、南阳郡及汉中郡。西汉初置襄阳县。东汉献帝初平元年（公元190年），荆州牧刘表将治所由武陵汉寿（今湖南常德）迁至襄阳，使其由县级治所一举升为荆州七郡（统辖今湖北、湖南两省和河南、贵州、广东、广西等省的一部分）的首府，从而成为当时中南地区的政治、军事、经济及文化中心。建安十三年（公元208年），曹操控制了南郡北部置襄阳郡，郡治在襄阳城内，此后襄阳历代为州、郡、府治所。隋文帝立山南道行台，并总管府于襄州。唐武德四年（公元621年），改郡为州。贞观初年置山南道，治所在襄阳，本县属山南道襄州。开元二十一年（公元733年）为山南东道治所，辖襄州（天宝时改州为郡，乾元时复称襄州）。五代时，属山南道（实即山南东道）襄州。

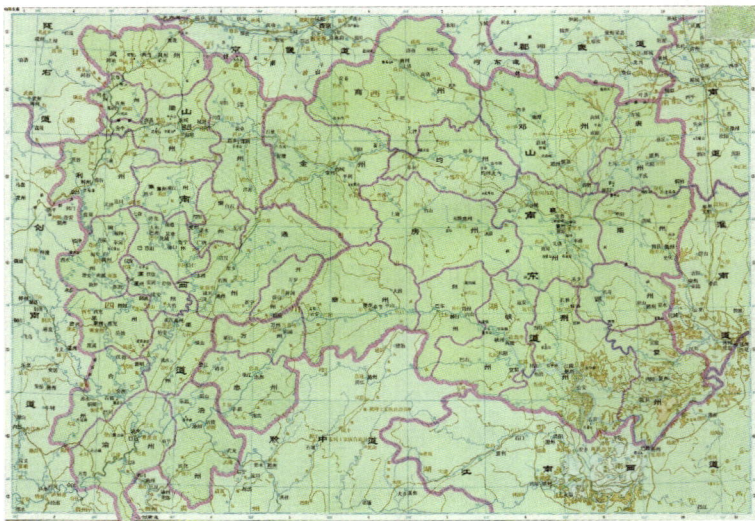

图2-3　（唐）山南东道图[1]

① 引自谭其骧：《中国历史地图集》，地图出版社，1982年。

三国、两晋、南北朝是我国历史上分裂和动荡的时期，在长达370年的历史中，除西晋有过短暂的统一外，皆处于南北分裂、各地割据的状态。北方人口大量南迁，为长江流域带来了大量的劳动力和先进技术，适于丘陵、平原和湖区等自然条件的各类灌溉工程渐次发展。

汉末豪强争战，社会经济受到极大破坏，作为东汉政治经济中心的南阳破坏尤烈，而唐白河下游的襄阳时为刘表所据，悄然兴起。

魏晋南北朝是中国历史上最长的动乱时期，社会经济遭受严重破坏。而每当争战稍定，各种政权又都在各自统治的区域内致力于经济的恢复和发展。曹魏之时，屯田最盛，屯田地域几乎各州郡皆有，襄阳亦因水利之便而屯田。晋羊祜为征南大将军镇襄阳，曾"戍逻减半，分以垦田八百余顷，大获其利"。他初至时，"军无百日之粮，及至季年有十年之积"[1]。东晋时，凡有志北伐者，都非常重视在襄沔地区兴建屯田。东晋元帝时，周访为梁州刺史，屯襄阳，"务农训卒"[2]。周访卒，甘卓继任，"散兵使大佃"[3]，继续在襄阳推行屯田。东晋孝武帝时，苻秦攻占襄阳，在沔北兴建屯田，种植水稻，桓冲遣军攻襄阳，"焚烧沔北田稻，拔六百余户而还"[4]。南朝时，宋元嘉二十年（公元443年）萧思话为雍州刺史、襄阳太守，"遣士人庞道符统六门田，（武）念为道符随身队主"[5]。这种设官管理的"六门田"，应当就是屯田。襄阳

---

① ［唐］令狐德棻：《晋书·羊祜传》，中华书局，1974年。
② ［唐］令狐德棻：《晋书·周访传》，中华书局，1974年。
③ ［唐］令狐德棻：《晋书·甘卓传》，中华书局，1974年。
④ ［唐］令狐德棻：《晋书·桓冲传》，中华书局，1974年。
⑤ ［南朝梁］沈约：《宋书·武念传》，中华书局，1974年。

周围本来"土沃田良，方城险峻，水路流通，转运无滞"，到南朝中后期时，成为人们津津乐道的所在："襄阳左右，田土肥良，桑梓野泽，处处而有。"① 屯田把大量的流民组织到生产线上，有力地稳定了社会秩序。屯田的结果，不仅解除了粮荒，在当时的历史条件下对于恢复生产有利，而且带动了水利灌溉的建设和农业生产工具与技术的改进与提高。

两晋南朝时期水利的兴修更多。唐白河下游之襄阳，在汉末争战与晋永嘉南渡的两次民众大流徙中俱为北人流集之地。文帝元嘉五年（公元 428 年）张邵为雍州刺史，在襄阳"筑长围修立堤堰，开田数千顷，郡人赖之富赡"②。襄阳旧有六门堰，良田数千顷，"堰决久坏，公私废业"，元嘉二十一年（公元 444 年）宋孝武帝派抚军录事参军、襄阳令刘秀之主持修复，"雍部由是大丰"③。直到公元 6 世纪初，这个水利工程仍在发挥效益，故北魏郦道元说："利加于民，今不废矣。"④ 水利灌溉的发展，使襄阳南部今湖北南漳、宜城间，"土地平敞，宜桑麻，有水陆良田"，号称"沔南之膏腴沃壤"⑤。

唐代时期，长江中游地区的渠堰灌溉工程，除南阳地区在两汉的基础上有所修复外，主要开始转向两湖平原和洞庭湖平原的开发。安史乱后，全国各地都出现了不同程度的动乱。然而，襄阳的社会经济仍然在唐前期的基础上保持了继续向前发展的趋势。大和九年（公元 835 年），王起"镇襄阳，为民修淇堰以灌田，

---

① ［南朝梁］萧子显：《南齐书·州郡志下》，中华书局，1972 年。
② ［宋］李昉：《太平御览》，中华书局，1960 年。
③ ［南朝梁］沈约：《宋书·刘秀之传》，中华书局，1974 年。
④ ［北魏］郦道元：《水经注·江水中》，中华书局，1984 年。
⑤ ［晋］陈寿：《三国志·吴志·朱然传》，中华书局，1959 年。

一境利之"。会昌元年（公元 841 年）卢钧为节度使，修复邓州穰县与南阳县之间的召堰（六门堰），"召堰既成，秋田大登，八州之民，咸忘其饥"。大中十年（公元 856 年）至十三年（公元 859 年）间，徐商任节度使，修水利使"江、汉终古不得与襄人为患矣"。开元中，在襄阳白水口开渠，形成樊阳陂，"条流百道，浸润七邑"[①]。武安堰（长渠）、东渠（长渠支渠），均为大历四年（公元 769 年）修[②]。襄阳绕城堤，大中后期，汉南数郡常患水灾，刺史徐商环襄阳筑绕城堤 43 里[③]。

　　襄阳地区水利资源十分丰富，长江、汉江、唐河、白河等河流在为农业灌溉提供丰富水资源的同时，也造成了许多灾害。汉江堤防历史悠久，最早的襄阳老龙堤为西汉筑，东汉襄阳太守胡烈在原土堤基础上"补塞堤决"，隋唐时期数度加修。唐神龙元年（公元 705 年），"汉水啮城，宰相张柬之罢政事，还襄州，因垒为堤，以遏湍怒。自是郡置防御守堤使"[④]。是为汉江初设守堤防御使。唐会昌中（公元 841—846 年），"汉水害襄阳"，山南东道节度使卢钧"筑堤六千步，以障汉暴"[⑤]。

---

　　①［宋］欧阳修等：《新唐书》，卷 42，《巴西郡》，中华书局，1975 年，第 1089 页。

　　②［清］罗家彦等：《大清一统志》，卷 348，《襄阳府》，道光二十二年（公元 1842 年）刊本，第 4 页上；程启安主修：《宜城县志》，卷 1，《方舆志》，同治五年（公元 1866 年）刻本，第 35 页上。

　　③［唐］李骘：《徐襄州碑》，见《全唐文》，卷 724，第 7454 页下。

　　④［清］顾祖禹：《读史方舆纪要》，卷 79，《湖广五》，中华书局，2005 年，第 3702 页。

　　⑤［宋］欧阳修等：《新唐书·卢钧传》，中华书局，1975 年，第 5367 页。

二、长渠灌溉工程起源：秦伐楚与白起引水灌鄢

白起引水灌鄢是历史上一次著名的以水攻城的战役。历史记载比较简略，有待研究的问题也比较多。

战国时，秦与楚同为七雄之一，都有称霸中原的野心，时战时和，恩怨不断。公元前 281 年，楚国意欲实行合纵抗秦。楚襄王派出使者到各诸侯国，约定合纵，讨伐秦国。秦国闻讯，决定先发制人出兵攻打楚国。公元前 280 年，秦国大将司马错率军从陇西出兵攻取了楚国的黔中郡，楚襄王被迫割让上庸（今湖北省竹山县东南）和汉江以北的土地给秦国。为了全力对付楚国，秦昭襄王二十八年（公元前 279 年），秦与赵在池会盟，息兵言和，解除后顾之忧，同时命大良造白起率军大举攻楚。

白起分析了两军形势后，采取直捣楚国统治中心地区的战略方针。他率军沿汉水南下，同时掠取汉水流域丰饶的粮草补给军需，很快攻取汉水流域要地邓（今湖北襄阳北），推进至鄢城（今宜城东南）下。鄢是楚的别都，地理位置十分重要。鄢失则危，楚军在鄢集结了重兵，秦军遭到入楚以来最顽强的抵抗，屡攻不克，而秦孤军深入，不宜持久，遂改为水攻，沿武安镇至楚鄢城一线岗脊开沟挖渠，将水引入鄢城外围（今宜城西南一带）容量较大的陂塘，引水蓄势。一切就绪之后，将蓄满水的陂塘统一掘口，与源源不断的渠水汇合。水从几面多方，居高临下，冲向鄢城。

对于这次秦国攻取鄢之战，史籍有不少记载：

《史记·秦本纪》："（秦昭襄王）二十八年（公元前 279 年），大良造白起攻楚，取鄢、邓，赦罪人迁之。"

《水经注·沔水》的记载较为详细："夷水又东注于沔。昔

白起攻楚，引西山长谷水，即是水也。旧堨去城百许里，水从城西，灌城东，入注为渊，今熨斗陂是也。水溃城东北角，百姓随水流死于城东者数十万，城东皆臭，因名其陂为臭池。"[1]

《资治通鉴·周纪四·赧王中》："三十六年（公元前279年），秦白起伐楚，取鄢、邓、西陵。""三十七年（公元前278年）秦大良造白起伐楚，拔郢，烧夷陵。楚襄王兵散，遂不复战，东北徙都于陈。秦以郢为南郡，封白起为武安君。"[2]

《韩愈文集·外集·卷四·记宜城驿》："此驿置在古宜城内，驿东北有井，传是昭王井，有灵异，至今人莫汲。驿前水，传是白起堰西山下涧，灌此城坏。楚人多死，流城东陂，臭闻远近，因号其陂'臭陂'。"[3]

《元和郡县图志》："长渠，在义清县东南二十六里，派引蛮水。昔秦使白起攻楚，引西山谷水两道争灌鄢城，一道使沔北入，一道使沔南入，遂拔之。……故宜城，在县南九里。本楚鄢县，秦昭王使白起伐楚，引蛮水灌鄢城，拔之，遂取鄢，即此城也。至汉惠帝三年，改名宜城。"[4]

《太平寰宇记》："去（宜城）县西三十里有白公湍。"[5]

《大清一统志》："《南雍州记》云秦将白起伐楚之日，涉

① ［北魏］郦道元著，陈桥驿校注：《水经注校证》，卷28，《沔水》，中华书局，2007年，第667-668页。

② ［宋］司马光：《资治通鉴》，卷4，《周纪四》，中华书局，1956年，第135、146页。

③ ［唐］韩愈著，严昌校点：《韩愈集》，岳麓书社，2000年，第146页。

④ ［唐］李吉甫：《元和郡县图志》，卷21，《山南道二》，中华书局，1983年，第531页。

⑤ ［宋］乐史：《太平寰宇记》，卷145，《山南东道四》，金陵书局，第9页。

此水而济，因号白公湍。"①

　　对于这次水攻战，按史料描述：水源是引的西山长谷水，或称谷水、夷水，现称蛮河。《水经注·沔水》："沔水又南得木里水会，楚时于宜城东穿渠，上口去城三里，汉南郡太守王宠又凿之，引蛮水灌田，谓之木里沟。径宜城东而东北入于沔，谓之木里水口也。"②

　　采取的是有坝引水，坝址"去城百许里"，位于今湖北南漳县武安镇。引水渠长达百里。

　　水从城西流入城内，在城东冲刷形成熨斗陂，城的东北角溃塌，洪水穿城而过，西面流入，东面流出，造成了楚地"数十万人"死亡。

　　这次水攻战修建渠道，创造了引水攻城渠道的长度之最，号称百里长渠，西起今南漳县武安谢家台，东至今宜城市郑集赤湖村，蜿蜒 49.25 千米。整个工程从勘测施工、筑坝、开挖渠道到完成灌城必要的配套设施，时间不会超过一年，即秦昭襄王二十八年（公元前 279 年），因为第二年秦军攻拔郢都。白起率领参战的人数，不过数万。《史记·平原君虞卿列传》："白起，小竖子耳，率数万之众，兴师以与楚战，一战而举鄢郢。"③《战国策·中山策》："楚地方五千里，持戟百万。君前率数万之众入楚，拔鄢、郢。"④以如此少的兵力，在短时间内，而且是在战争状态下和敌方国土上，要完成如此大规模的工程，包括渠线的勘测、规划，高差的测量

　　①《钦定大清一统志》，卷 270，第 16 页。

　　②［北魏］郦道元著，陈桥驿校注：《水经注校证》，卷 28，《沔水》，中华书局，2007 年，第 666 页。

　　③［汉］司马迁：《史记》，卷 76，《平原君虞卿列传》，中华书局，1959 年，第 2367 页。

　　④《战国策》，卷 33，《中山策》，中华书局，2012 年，第 1058 页。

等，几乎是不可能的。白起渠应该是利用了一些原有的灌溉渠道，通过在渠首筑堰，增加水量以及沟通一些局部渠段加以延长扩建后形成的。一些研究认为，原有的渠道有可能是当年孙叔敖引沮、漳水灌云梦泽的工程[①]，似有一定道理。

这次以水攻城，破坏力惊人，造成了数十万人死亡，据研究，东周时期楚国都城纪南城的总人口约为 27.6 万 ~33.1 万人[②]。这次引水灌城规模不小，它是如何灌城的，为什么会有如此大的破坏力，目前对此研究缺失。根据记载推测，这次引水灌城是一次比较独特的灌城形式，是由于鄢城的设防情况和地理条件决定的[③]：由于鄢城外围西面地势较高，平时没有水灾，所以对洪水没有设防，也没有城墙，城是依山而建，对水攻更是完全没有防范，因为附近没有水源。但是没有想到秦军会百里外去引水。洪水是从西山较高的地方直接冲入城内。从记载看，水由城西冲入，没有遇到阻挡，没有记载城西的城墙遭到破坏，反而是洪水穿城以后，东北角城墙被冲垮。这种情况就说明，城西没有城墙，人为的山洪直接灌入城内，在城内冲出一个大坑，洪水造成大量人员死亡。

这次也是以少胜多的典型战役，白起率领的秦军只有几万人，而楚军有几十万。出其不意的水攻消灭了楚军大量有生力量，也使楚军的士气受到极大的打击。这起战役在中国战争史上留下了浓墨重彩的一笔。

① 《长渠志》，方志出版社，2003 年，第 54 页。
② 蒋刚：《东周时期主要列国都城人口问题研究》，《文物春秋》，2006 年第 6 期，第 6–13 页。
③ 颜元亮：《中国历代以水代兵及其水利工程》，中国水利水电出版社，2022 年。

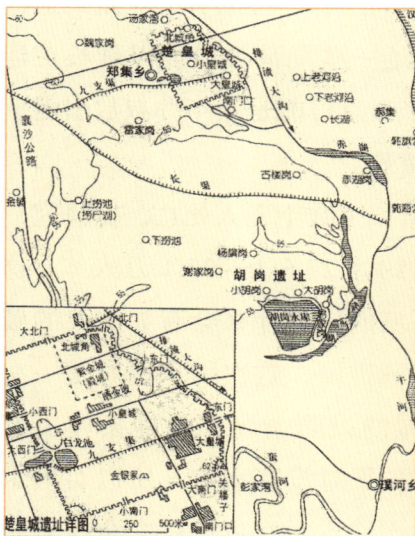

图 2-4　楚皇城遗址复原图

图 2-5　今楚皇城遗址位置

秦将白起所开水工战渠——"白起渠"整个工程，起初只以"拦河坝、引水口、干渠"三大工程为主体。渠首工程，古文献已概括其工程特点："立碣、壅水、筑巨堰"。立碣，筑拦河坝；壅水，抬高水位，逼水入渠；筑巨堰，储存水量，充实水源。白起立碣的方法，"以竹筱石，葺土而为碣"，即以小竹包石，以土填实缝隙。竹笼工程在古代水利工程中使用最广，有关笼石、葺土之法，可谓史不绝书。《元和郡县图志》记秦国蜀郡太守李冰修建都江堰，为"防江决，破竹为笼，圆径三尺，长十尺，以石实中，累而壅水"[1]。《汉书·沟洫志》说，秦以后，笼石之法，历代传之。元何文渊著《重修武安灵溪堰记》称其施工中即采取了"斩伐竹木，藁楗土石，立堤防，障横溃，完崩缺，瀹淤阏"。竹笼工程的最大优

---

①［唐］李吉甫：《元和郡县图志》，卷31，《剑南道上》，中华书局，1983年，第774页。

点就在于将分散的卵石聚为一体，既能抗御洪水冲击，又能泄水，还能适应河床的变化。白起当年为控制蛮河河道主流，限于当时建筑材料和施工技术水平，其施工方法即采取竹笼工程施工之法。

白起立堨，壅水，筑巨堰长度、宽度史无记载。坝址是否即今长渠渠首滚水坝址谢家台处，待考。1965 年蛮河河岸护坡工程建设中，曾在今渠首下游武安镇西关旁河段处挖出数百年前打下的成排木桩，疑为古代渠首拦河坝址。

引水工程、渠系规划最重要的是高程测量。水准测量，春秋时已经出现。《汉书·沟洫志》载："可案图书，观地形，令水工准高下，开大河上领，出之胡中，东注之海。"[1] 当时秦国有了专门从事水工测量的技术队伍，而且似已具备进行大面积，甚至跨流域的水准测量能力。据历代《襄阳府志》《宜城县志》对古长渠的记载，对照民国时期复修前（公元 1938 年）航空测量制成的地图，古、今长渠渠线基本一致，干渠自西向东布置在汉江平原二级阶地的最高线上。位于干渠东、南部的整个灌区都在它的控制之下，保证了支渠以及其他下级渠道的自流引水。

渠系规划之后，又合理地选择渠道的纵坡和横断面。《管子·度地》记述了当时自流引水式渠道纵坡的设计，云："尺有十分之，三里满四十九者，水可走也。乃迁其道而远之，以势行之。"[2] "尺有十分之"，就是一寸，"三里满四十九者"就是渠道在断面较均匀的情况下，在三里的距离内，渠底降落四十九寸，在这样坡降的渠道里，则"水可走也"。"三里满四十九"大约相当三千分之一的坡降。根据调查结果，结合当今长渠比降推算，当年白

---

①《汉书·沟洫志》，引自《二十五史河渠志注释》，中国书店，1990 年，第 23 页。
②《管子校注》，卷 18，《度地》，中华书局，2004 年，第 1054–1055 页。

起渠平均坡降约为三千分之一。

这次水攻战造成鄢城被严重破坏，而为水攻战修建的白起渠后来演变为著名的灌溉工程。《水经注·沔水》记载："后人因渠流，以结陂田城西，陂，谓之新陂，覆地数十顷。西北又为土门陂。从平路渠以北、木兰桥以南，西极土门山，东跨大道，水流周通……其水又东出城，东注臭池。臭池灌田，陂水散流，又入朱湖陂。朱湖陂亦下灌诸田。余水又下入木里沟。""城，故鄢郢之旧都，秦以为县，汉惠帝三年，改曰宜城。"渠道东注为土门陂和新陂，入城北积为熨斗陂，东北出积为臭陂，臭陂以下有朱湖陂，都可灌田。朱湖陂以下入木里沟，"白起渠灌田三千顷，膏良肥美，更为沃壤也"。[①]

三、长渠发展及长藤结瓜灌溉工程的形成

秦破鄢后，秦昭王封白起为"武安君"，所筑之堰命名"武安堰"。所开之渠沿线百姓为发展农业生产，即将这一水攻战渠改造成引水灌田的灌溉渠道，并把渠道与附近一系列陂塘串连起来，使其灌溉面积扩大。所灌之处，皆成"膏良肥美"之地。

（一）长渠之名

长渠之名，在今存的古籍记载中最早见于中唐时期成书的《元和郡县图志》，在襄州义清县（古义清县在襄阳城西南五十多里，今襄阳、南漳、宜城三县市交界地带）条下记有："长渠，在县南二十六里，派引蛮水。昔秦使白起攻楚，引西山谷水两道争灌

---

① ［北魏］郦道元著，陈桥驿校注：《水经注校证》，卷28，《沔水》，中华书局，2007 年，第 668 页。

鄢城。"① 这是历史上首次出现"长渠"之名，并指出长渠就是白起渠的文字记载。此后的史籍，对长渠即"白起渠"的记载连续不断。

北宋时，曾任襄州州官的曾巩，所著《襄州宜城县长渠记》说："秦昭王二十八年（公元前 279 年），使白起将兵攻楚，去鄢百里立堨，壅水为渠以灌鄢。鄢，楚都也，遂拔之，秦即得鄢，以为县。……鄢入秦，而白起所为渠，因不废，引鄢水以灌田，田皆为沃壤，今长渠是也。"②

明末清初的历史地理学家顾祖禹，所著《读史方舆纪要》云："长渠，（宜城）县西四十里，亦曰罗川，又曰鄢水，亦曰白起渠，即蛮水也。秦昭王二十八年使白起攻楚，去鄢百里，立堨，壅是水为渠，以灌鄢。鄢入秦，而白起所为渠不废，引鄢水以灌田，今长渠是也。"③

上述古籍对古长渠形成的记述，在其后来的历代《襄阳府志》《宜城县志》等地方志书均有转载。

1979 年水利电力出版社出版的《中国水利史稿》亦记："战国后期（秦昭王二十八年），秦将白起引夷水（汉水支流蛮河）攻楚的鄢郢（今湖北宜城南 15 里），新开渠道长数十里，后来也被用作灌渠，历代几经修复，新开成了现在的长渠灌区。这条渠道和塘堰结合，形成今天所说的'长藤结瓜'式工程。"同年，水利电力出版社出版的《长江水利史略》亦载："长渠，又名白

①［唐］李吉甫：《元和郡县图志》，卷 21，《山南道二》，中华书局，1983 年，第 531 页。

②［宋］曾巩：《元丰类稿》，卷 17，第 7 页。

③［清］顾祖禹：《读史方舆纪要》，卷 79，《湖广五》，中华书局，2005 年，第 3715 页。

起渠，……原来是秦国以水代兵的作战工事。白起想水灌鄢城（故城在今宜城县西南十六里），便在离鄢城一百里的蛮河武镇段筑坝拦河，开了一条引水长渠。鄢城属秦国后，长渠就成了灌溉渠道，经历代不断改进，可以灌溉今南漳县东部、宜城市西部的三角形平原上的农田三千余顷。"[1]

（二）长渠与木渠之辨

与长渠曾有混淆的是木渠，同样位于今湖北省襄阳市，都引汉江水灌溉，两灌区毗连，修复历史均悠久，灌溉效益宏大。且木渠、长渠都是汉江中游引蓄结合的著名灌溉工程，即灌区内分布众多陂塘，陂塘与渠道相通，陂塘自干渠引水，囤积塘中。陂塘有自己的灌排体系，就近灌溉附近耕地；汛期陂塘充溢，余水则通过陂塘的减水河泄水，是为"长藤结瓜"。但木渠与长渠并不是同一条渠道。元代木渠渠首称灵溪堰，长渠称武安堰。战国末年秦大将白起引鄢水灌楚故都鄢城（今湖北宜城市），2世纪时东汉南郡太守王宠循泛道开渠，是为木渠之肇始。长渠引蛮河水的时间大约在唐中期。11世纪时木渠分为南北两干渠，南渠下入长渠，至此两渠渠系连通。木渠、长渠灌区在今湖北襄阳境内，汉江与蛮河之间的山间小平原。20世纪60年代蛮河上游修筑三道河水库后，成为两渠的水源，现代以长渠指代两渠。5世纪时已有木渠的记载。北魏郦道元《水经注·沔水》中记木渠（时称木里沟）灌田三千顷。称木渠始凿于楚，在宜城东三里穿渠上口，汉代南郡太守王宠时引鄢水灌田，谓之木里沟。[2]《水经注·沔水》："其

---

[1]《长江水利史略》，水利电力出版社，1979年，第56—57页。

[2]［北魏］郦道元：《水经注·沔水》，引自《水经注疏》，江苏古籍出版社，1989年，第2392—2398页。

水又东出城，注臭池，臭池灌田。陂水散流，又入朱湖陂，朱湖陂亦下灌诸田，余水又下入木里沟。"楚国时的木渠，源于潼口河，经芦家畈、梁堰，于草场折向东，经明正店以北下今汉江河谷，再东北流入古汉水，全长 22.5 千米。灌区包括潼口河下游（襄阳潼口站一带）小河岗地，及现在汉江东岸的王集、李街一带（古汉水走向沿东山西麓），灌溉面积 700 顷，合今 5 万多市亩。

图 2-6　木渠、长渠与汉江诸水关系示意图

9 世纪时长渠之名始见于史料。《元和郡县图志》说长渠派引蛮河之水，而白起则引西山谷两道，淹城之水方可居高临下自西北而东南，从汉江北、汉江南灌鄢城。鄢水、沶水是木渠的水源河，沶水又作夷水、蛮水。后世对长渠的分歧，主要是两个夷水所致。蛮河亦名夷水、南漳水，是长渠的水源河。北宋治平三年（公元 1066 年）大修木渠，南干渠与长渠连通。其时木渠、长渠都经历了多年失修后的大修或重建。大修后的长渠灌溉面积大于木渠，北宋两渠同属襄阳屯田区，官方深度介入两渠的管理，或时人开始以长渠指代两渠。

长渠渠首工程（1953 年重建，保留了传统堰坝工程型式）

长渠干渠（20 世纪 80 年代）

长渠与安乐堰水道立交（2017 年）①

图 2-7　长渠渠首及渠道工程体系

---

① 左下是长渠，右上是安乐堰。安乐堰是长渠所结陂塘之一。堰自长渠引水，既蓄水又排洪。图为汛期安乐堰向蛮河泄洪、渡槽处两水立交的情形。

汉献帝初平元年前后（公元 190 年前后），汉南郡（今襄阳）太守王宠首次扩修木渠，引蛮水与楚木渠相汇。北宋郑獬著《襄州宜城县木渠记》载："木渠，《襄沔旧记》所谓木里沟者也，出于中庐西山，拥鄢水走东南四十五里，径宜城之东北而入于沔。后汉王宠守南郡，复凿蛮水与之合，于是灌田六千顷，遂无饥岁。"[①]"复凿蛮水与之合"，是王宠扩修木渠的主要工程。其作用一是扩充了木渠水源，使木渠成为跨蛮河、清凉河两个水系的工程，二是扩大了木渠灌区，使二渠并联，两个灌区联成一体。

长渠、木渠历经秦汉至南北朝 600 多年的完善，至迟在 5 世纪时已经成为具有引水、蓄水功能的区域灌溉工程。长渠和木渠巧妙地利用地形，"其因渠以结陂田"，是引蓄兼有的长藤结瓜灌溉工程。

图 2-8　5 世纪时长渠（白起渠）、木渠灌溉工程体系复原图

①［宋］郑獬：《襄州宜城县木渠记》，引自《郧溪集》，卷 15。

汉代木渠，即王宠复凿蛮水与之合的木渠，正源在南漳清凉河，经九集南、谭湾，至草场与楚木渠会，利用界碑头河、朱市大沟等自然沟溪把水注入长渠。新增的灌区有清凉河下游（今南漳县清河农场）、武镇以北山冲（今南漳九集、武东的部分辖区、金钟、安乐堰、石头沟一带）、襄阳杨家集一带、宜城市西北岗地（今谭湾水库灌区）和现在长渠的部分灌区。与长渠并连成一个灌溉系统后，总灌溉面积为"六千顷"（见《襄阳宜城县木渠记》）。

安史之乱后，藩镇割据。唐大历四年（公元769年）己酉，梁崇义任山南东道节度使，驻守襄阳时，为发展农业生产，筹措军饷，复修长渠，修复了长渠的渠首武安堰①，并在渠旁的武安镇修建了纪念性建筑——白马庙，白马庙前供奉白起塑像。复修后，诗人胡曾赋诗："武安南伐勒齐兵，疏凿功将夏禹并，谁谓长渠千载后，蛮流犹入在宜城。"

本次修复之后，中唐时期成书的《元和郡县图志》首次出现"长渠"名称，以后史书多以"长渠"称之。唐朝复修后的长渠功能大于木渠，此后灌区就以长渠统称。

宋元时期的木渠，即经朱纮、陈表臣、李英主持修治时的木渠，水源不变，渠首"灵溪堰"。渠道从草场向东南延伸，经杨麻子湖、李家楼子，从散家沟"南贯长渠"。再由李家楼子经王家台子、屈家营、铁甲湖进入现在的鲤鱼桥水库，向东经黄家沟口，再向东汇入古汉江。新增的灌区有现在的曾庙、铁湖、七里岗一带和现在的鲤鱼桥水库灌区，以及今汉江东岸的南营、官庄一带。清同治五年（公元1866年）《宜城县志》对宋元时期木渠渠线走

---

① ［元］何文渊《重修武安灵溪堰记》载："唐大历四年己酉，节度使梁崇义尚修之，乃建祠宇。"

向记载较详："历县属草场、七里沟、长工堰、壬子陂，西流胡家坡、梁家垱，东注大沟桥，由是而东南会西坛港……又东过龙门桥、鲤鱼桥，又南经猪栏桥，自是东南流至腊树园，会新河水，南过苏湖桥，东抵黄家沟口与汉合。由苏湖桥经打鼓台，至火神庙，有碾石桥，沟形微狭，至团仓陂……迄木瓜园，入汉。"[①] 干渠总长约 60 千米。

第二节　长渠及其灌区发展（宋元明清时期）

由于具有良好的灌溉效益，历史上对长渠进行过多次维修和扩建。

北宋仁宗至和二年（公元 1055 年），宜城县令孙永主持修治工程，整修堤堰，疏浚了整个长渠，并制订一套蓄水、放水、用水管理制度，恢复了原有的 3000 顷灌溉效益。南宋绍兴三十二年（公元 1162 年），参知政事汪澈建言修复长渠，实行军事屯田。乾道九年（公元 1173 年）和淳熙十年（公元 1183 年）又对长渠进行了局部整修。两宋对长渠的不断维修，使灌溉效益得到保障，襄宜平原成为著名粮仓。

元代对长渠也做过一些维护工程。大德六年（公元 1302 年）由李英奉旨重修武安、灵溪二堰，数月功成，灌溉效益得以延续。

明初仍发挥灌溉作用。明代中后期以至清代，久废不治，渠道湮塞，逐渐失去灌溉效益。1942 年，张自忠主持长渠复修工程，初设灌溉面积 1000 顷，其工程有渠首工程、干渠渠道以及干渠建

---

① 《（同治）宜城县志》，卷 1，《方舆志》，第 36 页。

筑物 49 座等，施工跨时 5 年，终因时局动荡未能完成。为纪念张自忠（字荩忱），曾将白起渠更名为荩忱渠。中华人民共和国成立后，长渠得到全面修复，兴建重力拦河坝一座，修复干渠长 47.6 千米，支渠 18 条，灌溉面积达到 1030 顷。此后，又兴建中型水库 1 座，小型水库 9 座，扩建堰塘 2161 口，另有水源工程、提水工程等。至 20 世纪 90 年代以后，灌溉面积达到了 2300 顷。

一、宋元明清时期的襄阳水利区

北宋熙宁五年（公元 1072 年）京西南路治襄州。因襄阳战略地位重要，历代都安排重臣驻守襄阳。明成化十三年（公元 1477 年），襄阳府隶湖广承宣布政使司，领县六州一，为襄阳、宜城、南漳、枣阳、谷城、光化、均州，襄阳县为附府首邑，清朝因之。

宋元明清各时期根据不同的社会背景和需求开展了屯田水利、堤防建设、水运等诸多方面的水利建设。

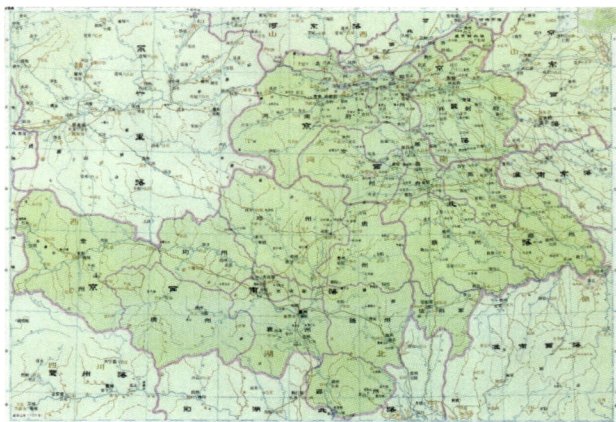

图 2-9　（宋）京西南路图[①]

---

① 引自谭其骧：《中国历史地图集》，地图出版社，1982 年版。

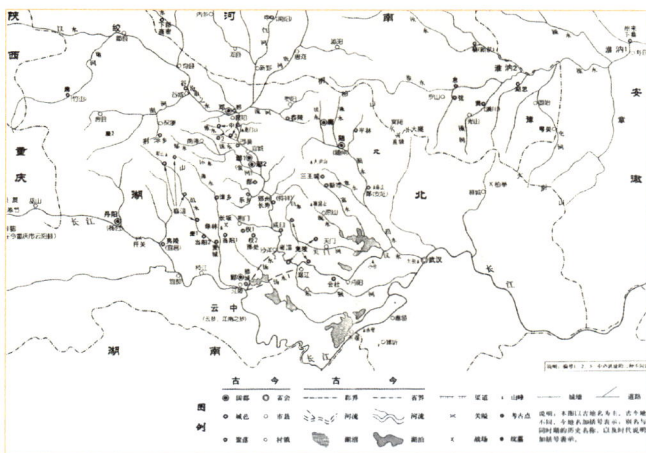

图 2-10　宋元时期湖北古水系图

（一）屯田水利

宋政府对于襄阳营田非常重视，为此设有专门的官员，太宗时"凡诸路，惟襄、定、唐三州有营田使或营田事"①。至道元年（公元995年）太宗因"度支判官梁鼎，陈尧叟言乞兴三白渠及南阳、陈、颖、寿春、沛郡、襄阳水田……以广农作"②，派遣光禄寺丞何亮等到历代屯田地区进行农田水利调查。他们在对襄阳以北的邓州考察后指出："内邓州界凿山穿岭，疏导河水散入唐、邓、襄三州，灌溉田土。"③真宗咸平二年（公元999年）曾任襄州知州的耿望上奏，建议治理长渠、木渠，虽取得了一些效果但不能维持很久。

先是，二州营田皆无税荒地，襄州凡四百八顷余八十亩。……自咸平二年转运使耿望奏置，每岁于属县差借人户、牛具，至夏，又差耨耘人夫六百人，秋又差刈获人夫千五百人，

①《宋会要辑稿》，食货63，《营田杂录》，上海古籍出版社，2014年，第7648页。
②《宋会要辑稿》，食货7，《水利》，上海古籍出版社，2014年，第6115页。
③《宋会要辑稿》，食货7，《水利》，上海古籍出版社，2014年，第6116页。

岁获利倍多。及望解职，转运使张选改其法，召水户四十一户分种出课。未几，水户许免其役，遂罢之。景德二年，转运使许逊复奏兴是务，而所获课利甚薄。至是，转运使言其非便，诏屯田员外郎刘汉杰与本路转运使、二州知州、通判同共规度。汉杰上言：比较襄州务自兴置已来至天圣三年，所得课利，都计三十三万五千九百六石九斗二升，依每年市价，纽计钱九万二千三百六十五贯。将每年所支监官、耕兵、军员请受及死损官牛、诸色费用，凡十三万三千七百四贯十三文，计侵用官钱四万一千三百四十二贯四十六文。[①]

其中提到了在宋代水利管理中的"水户"或称"使水人户"，即享受水利的农户组织起来，在上等户内选差"团头""陂长"，以"结罪供状"的形式向官府保证维修水利工程，在春初"点集入役"，并且自己准备"工料"，官府鼓励民间兴修水利，许可"依例兴修"。

在宋室南渡之后，襄阳由伪齐控制。当岳飞北伐收复襄阳后，此地成为抗击金兵的重要屏障，两军交战时有发生。元兵灭亡南宋，也是沿襄阳南下的。因此南宋政府出于军事目的，更加重视屯田养兵与提供军粮。绍兴四年（公元1134年），岳飞率师北伐，一举收复襄阳、信阳、唐州、邓州、随州后，在当年九月二十六日主管江州太平观朱震就上书曰："荆襄之间，沔汉上下，膏腴之田七百余里。襄阳之北，土宜麻麦，古谓之枉中。若选用良将民所信服者领部曲驻汉上，招集流亡，务农重谷，寇至御之，寇退则耕稼，不过三年，兵食自足。观衅而动，复陵寝，清宗庙，

---

①《宋会要辑稿》，食货2，《营田杂录》，上海古籍出版社，2014年，第5982页。

以浊河为限，传檄两河，则中兴之业定，以逸待劳之道。"①认为在襄阳屯田事关重大，其具体方式是军屯，选用"良将"领部曲，"招集流亡"进行垦殖。此后在襄阳掀起了屯田的高潮，并且推及今天湖北的许多地区。据史料记载，在"荆襄之间，沔汉上下"，任命了大批营田官吏，他们主要由将领与地方官兼任。岳飞在担任荆湖北路襄阳府路招讨使的同时，被任命"并兼营田使"。此外，鄂州主管湖北安抚司刘子羽，荆南安抚使王彦，襄阳府安抚使张旦，金均房州安抚使也都兼任了营田使的官职。在绍兴五年（公元1135年）十一月二十八日知荆南府充荆南府归，峡州，荆门军安抚使王彦就汇报说："……令安抚司措置耕种，今计置到黄、水牛一千七百余只，及修置库应干合用农具足备，尽已踏逐摽拨定合种水陆田顷亩，并系膏腴。止缘创行开凿，倍费工力，兼已令下手破荒冬耕，及修筑堤塘，开决陂堰，以待来春，依时布种。"②此次屯田，规模非往日可比，并且推及湖北许多地区。

元朝建立后，广泛屯田。至元十年（公元1273年）元军攻克襄樊之后，元朝政府充分利用"江淮在宋为边陲，故多闲田"③。"黄河迤南，大江迤北，汉水东南，两淮地面，系在前南北边徼中间，歇闲岁久，膏肥有余，虽有居民耕种，甚是稀少"④。两淮"兵革之余，荆棘蔽野"，若将"上自钧、化，下至蔡、息"的荒地给边民屯种，不数年即可"芟去荒恶，荡为耕野"⑤。同年，宋将吕文焕投降后，又于襄阳府（即襄阳路，治今湖北襄阳市）留"熟

①《宋会要辑稿》，食货2，《营田杂录》，上海古籍出版社，2014年，第5995页。
②《宋会要辑稿》，食货2，《营田杂录》，上海古籍出版社，2014年，第5996页。
③［明］宋濂等：《元史》，卷173，《燕公楠传》。
④［元］王恽：《秋涧集》，卷91，《开垦两淮地土事故》，四库全书本，第6页。
⑤［元］王恽：《秋涧集》，卷86，《论屯田五利事状》，四库全书本，第14页。

券军"置屯田。① 至元十八年（公元 1281 年），以汉军、新附军兵士及民一万五千余户在德安府（治今湖北安陆市）境立屯。② 大德元年（公元 1297 年）十二月，朝廷徙襄阳屯田合刺鲁军于南阳，户受田一百五十亩，并授给种子、耕牛等必要生产物资。水利是农业的命脉，水利灌溉既能扩大耕地面积，又能防止水旱灾害，促进作物增产。元朝政府认为"农桑之术，以备旱暵为先"③，把兴修水利摆在重要位置。廉希宪在江汉"泻蓄水于江，得田数万亩，为贫民业"④。游显在襄阳，"复堰铁拘壅湍水为渠，溉稻田千数百顷，人赖其利"⑤。

（二）堤防建设

襄阳濒临汉江中游，支系众多，襄城与樊城，隔汉江南北对峙而成掎角之势，汉江中流，唐白河在襄阳境内注入汉江。汉江在襄阳境内河段多属游荡性与分汊性河道，河道主槽摆动不定，水流散乱，汊道交织，河势变化急剧，流量含沙量大，河床易冲易淤，汛期洪水暴涨暴落，加之唐白河洪峰集中快，支流长、干流短，易受汉江顶托倒灌，常有洪泛、渍涝，顺堤行洪，严重威胁襄阳城的堤防安全，对两岸的防洪灌溉、农商业造成不利影响。由于襄阳洪水频发的自然状况，堤防建设几乎与城市建设同步进行，在唐宋时期堤防建设已经初具规模，基本形成了环城大堤。明清时期，受流民过度开发和各种自然因素的影响，汉水中游洪水灾害更加频发，因而襄阳城市的堤防建设活动也十分频繁。

① ［明］宋濂等：《元史》，卷 5，《世祖纪二》。
② ［明］宋濂等：《元史》，卷 100，《兵志》。
③ ［明］宋濂等：《元史》，卷 93，《食货志·农桑》。
④ 《廉希宪神道碑》，引自《元文类》，卷 65。
⑤ ［元］姚燧：《牧庵集》，卷 22，《江淮行省游公神道碑》。

汉江堤防历史久远，最早的襄阳老龙堤可上溯到汉代。五代时曾修筑荆门缘麻山至潜江的高氏堤。这些早期的堤防大多自成一体，并未形成汉江中下游堤防系统。直到明清时期，汉江堤防才初具规模。

宋代，汉江堤防的修筑加固持续进行。北宋初（公元960—970年），襄州郡守赵延进修堤护岸，"汉江水岁坏堤，害民田，常兴工修护，延进累石为岸，遂绝其患"①。

南宋时期，由于襄阳城重要的军事地位，城外的汉江堤防备受重视。绍兴十六年（公元1146年），"汉水决溢，漂荡庐舍"，襄阳知府陈桷"躬率兵民捍筑堤岸，赖以无虞"②。"（杨）政守汉中十八年，六堰久坏，失灌溉之利。政为修复。汉江水决为害，政筑长堤捍之。""乾道八年（公元1172年），荆南守臣叶衡请筑襄阳沿江大堤。"③孝宗淳熙八年（公元1181年），襄阳府守臣郭杲"修护城堤以捍江流，继筑救生堤为二闸，一通于江，一达于濠。当水涸时，导之入濠；水涨时，放之于江。自是水虽至堤，无湍悍泛滥之患焉"④。

元文宗至顺元年（公元1330年），襄阳路首领官安达拉修湖北襄阳城外汉江堤，"临汉水，岁有水患，为筑堤城外，遂以无虞"⑤。

襄阳老龙堤"在县西三里，东临汉江，西抵万山，袤十余里

---

①《宋史·赵延进传》，中华书局，1976年，第9299页。

②《宋史·陈桷传》，中华书局，1976年，第11654页。

③［清］顾祖禹：《读史方舆纪要》，卷79，《湖广五》，中华书局，2005年，第2702页。

④《宋史·河渠志七·东南诸水下》，引自《二十五史河渠志注释本》，中国书店，1990年，第209页。

⑤湖北省水利志编纂委员会：《湖北水利志》，中国水利水电出版社，2000年。

防护之。汉寿亭侯决水灌樊城，汉水为襄阳患最切要害。明初水流故道，不复为灾，年久堤溃，民多侵为己业，而有司并无筑堤虑。嘉靖四十五年（公元1566年）洪水四溢，郡治及各州县城俱溃，民漂流以数万计。郡西老龙堤一决，直冲城南而东，故郡治之患尤甚。副使金世龙、秦淦、徐学谟先后条议估修。顷年并力修筑"。①

嘉庆二十五年（公元1820年）修湖北襄阳老龙石堤。②

道光二年（公元1822年）加筑湖北襄阳汉江老龙石堤。③

道光五年（公元1825年）修湖北监利江堤，筑荆州得胜台民堤，修襄阳汉江老龙石堤。④

道光十三年（公元1833年）湖广总督讷尔经额请修湖北襄阳老龙石堤，修汉阳护城石及武昌、荆州沿江堤岸。御史朱逵吉奏请疏湖北江水支使南汇洞庭湖；疏汉水支河，使北汇三台等湖，并疏汇支河，使分汇云梦。御史陈谊言，安陆滨江堤塍冲决为请建五闸坝，挑浚河道，以泄水势。⑤

道光三十年（公元1850年）修湖北襄阳汉江老龙石堤、汉阳堤坝、武昌沿江石堤、潜江土堤、钟祥高家堤。⑥

嘉道年间著名水利专家、玉环同知王凤生编《详定江汉堤工防守大汛章程》十一条。⑦主要内容有：

① ［清］：《（雍正）湖广通志》，卷20，《水利志·湖北》，载文渊阁《钦定四库全书》，台湾商务印书馆，1975年。

②《清史稿·河渠志四·直省水利》，中华书局，1977年。

③《清史稿·河渠志四·直省水利》，中华书局，1977年。

④《清史稿·河渠志四·直省水利》，中华书局，1977年。

⑤《清史稿·河渠志四·直省水利》，中华书局，1977年。

⑥《清史稿·河渠志四·直省水利》，中华书局，1977年。

⑦中国水利水电科学研究院水利史研究室编校：《再续行水金鉴·长江卷二》，"长江附编五"，湖北人民出版社，2004年。

（1）长堤大汛，应设立堡房器具，招募兵夫，以资防守。

（2）各堡房芦篷，应备器具。

（3）大汛盛涨，该汛员为防守专司，应驻宿堤上，于该汛内往来昼夜梭巡，不得安枕衙署。

（4）堤头堤坡除巴根草外，如有长草，必须割去，以清眉目。

（5）漫滩水到堤根，必须日夜巡查，大堤里坡有无渗漏。

（6）外滩如有普面江套，及洼形河沟。一经漫滩，水面愈阔。每遇风暴，必致及堤身，最为危险。

（7）大堤渗水之处，无论何项人等，有先举报因得抢护平稳者，赏钱十千文。

（8）江势里卧塌滩，须将塌崖之处，用锹放坦，并多插柳枝，以免续塌。

（9）江水漫滩，各堡门前，设立小志桩一根，计若干丈尺。

（10）各堡夫每见官长巡查，应名充数。

（11）大堤走漏，为至险至急之事。必须先知堤身是淤是沙，离江远近，有无顺堤江套。

（三）打通水运的尝试

早在北宋时就有过襄汉之间打通漕渠的尝试。“襄”是古襄州（今襄阳）的简称，“汉”指汉江，《宋史》中对襄汉漕渠的开凿有明确记载。北宋赵匡胤定都汴京（今开封）后，为“广军储，实京邑”，解决军队吃粮问题，首先疏浚了汴河、蔡河等河流，把漕运视为经济命脉。当时的汴河，是连接黄河、淮河和长江的主要内河航道，但只能解决长江下游的粮食和物资运输，而长江中上游和汉江、湘江一带的粮食物资，必须绕道江淮由运河转运京都，十分不便。

10 余年后，赵匡胤的弟弟赵光义继位。"两浙既献地，岁运米四万石"，漕运变得更加重要。太平兴国三年（公元 978 年）正月，西京转运使程能上书，提出自南阳下向口（今南阳夏饷铺一带）筑坝置堰，拦截白河引水北上，越过方城垭口，经石塘、沙河、蔡河、睢水，抵达京师汴京，与南方的湘潭漕渠连贯起来，解决南方粮物北运京师之急需。赵光义采纳程能建议，下诏征发民工及官兵 10 万人，施工月余，浚渠百余里，经博望罗渠、少柘山（今二龙山），抵达方城县城东西八里沟一带。然而在方城垭口，由于地势渐高而水不能至。适逢白河上游连降暴雨，石堰冲毁，漕渠开挖就此停止。公元 988 年，赵光义决定再次开凿襄汉漕渠，引白河水北上，但终因地势悬绝而最终搁浅。

清初，陕西严重缺粮，时常闹灾荒，而邻近陕西的南阳、襄阳却盛产粮食。为了及时接济陕西，朝廷规定楚粮和豫米不作他用，每遇关中饥灾即分水陆两路就近救济陕西。据《商州志》记载："康熙三十二年（公元 1693 年），以关中西凤饥，将襄阳存仓米三十万石，由丹水运至商州，转运西发，减粜济民"[1] "康熙五十九年（公元 1720 年），漕运总督施世纶，奉命到陕赈恤，提请将湖广荆州等处各仓米十万石，由襄阳水运至商州龙驹寨（今陕西丹凤县），每石需夫役银二两，接济灾民"。[2]

清代，襄阳作为救济关中的水路中心，湖广荆州的救济粮食由汉江运到襄阳集中，再改装小船运到龙驹寨。而河南采办的豫米则通过豫西南的荆紫关转运西安，全程主要是陆运，费用远比水运高。若改为水路，经三门峡航道则十分危险。为此，有人建

---

[1] 《（乾隆）商州志》。
[2] 《（乾隆）商州志》。

议"于襄阳开河，直抵潼关，以通楚漕"①。但限于当时各方面的条件，这一大胆设想未能实现。它与试图打通秦岭南北的汉渭两水系的航道一样，终因时代的局限而未能如愿以偿。

二、宋代长渠整修及其经营

经历了五代十国的分裂局面，230 年后，北宋初期仅能灌田700 顷，只有原有灌溉能力的四分之一了。北宋咸平二年（公元999 年），曾任襄州知州的耿望上奏："襄州襄阳县有淳河，旧作堤截水官渠，溉民田三千顷，宜城县有蛮河，溉田七百顷，又有屯田三百余顷，请以农隙调夫五百筑堤堰，仍于荆湖市牛七百头。"②真宗听从了他的建议，认为"屯田之废久矣，苟成，此足为劝农之始"③，诏令大理寺丞武程总其事，但遭到武程的反对，真宗"移武程于他郡"，任命耿望主持其事，并声明"俟稻田务成有无利害，其耿望，武程别取进止，当行赏罚"。这便是北宋时第一次对长渠、木渠的治理与屯田。京西转运使耿望主持修治长渠，"于旧地兼括荒田，置营田上、中、下三务，调夫五百筑堤堰，仍集鄰州兵每务二百人，荆湖市牛七百分给之。是岁，种稻三百余顷"④。经耿望修治后可以灌田 300 余顷，之后没多少年渠道仍旧隳废了。

长渠再次复修是在北宋至和二年（公元 1055 年），正是宋朝经济文化发展的高峰时期。"长渠至宋至和二年，久隳不治，而

①［清］刘献廷：《广阳杂记》。
②《宋会要辑稿》，食货 4，《屯田杂录》，上海古籍出版社，2014 年，第 6029 页。
③《宋会要辑稿》，食货 4，《屯田杂录》，上海古籍出版社，2014 年，第 6029 页。
④［元］脱脱等：《宋史》，卷 176，四库全书本，第 4 页。

田数苦旱，州饮者无所取。"①宜城县令孙永（字曼叔）主持修治，按长渠原来故道，疏理淤塞湮废之处，"自二月丙午始作，三月癸未而毕"，历时一个多月。"理渠之坏塞，而去其浅隘，遂完故碣（碣），使还其中。……田之受渠水者，皆复其旧。曼叔又与民为约束，时其蓄泄而止侵争，民皆以为宜也。"②又记："郦道元以谓灌田三千余顷，至今千余有年，而曼叔又举众力而复之，使并渠之足民食而甘饮，其余粟散于四方。"③这次修治是按原来故道修堤堰，且清理了渠中的淤塞物，疏竣了整个长渠，38 天完工。修复后恢复到了三千顷的灌溉效益。此次并非由中央政府组织，也没有使用军队，而是由地方县令发起，即是长渠"异时耕者"。由于他们"穷力而耨之，不得稿苗则得秕穗"④，心甘情愿修复二渠，使之"不费公家束薪斗粟，而民乐趋之"⑤，因此取得了巨大的成功。尤其是孙永主持修治之后，还制定了一套蓄水、放水、用水的管理制度，受到百姓拥护。宋熙宁十一年（公元 1078 年）孙永由开封迁调汝阳，上任前写信给宜城县令"是知大旱独长渠之田无害也，夫宜知其山川与民之利害者，皆为州者之任"⑥，提示宜城县令，牢记农田灌溉与防治水患，是地方官员的职责。

　　曾巩《长渠记》中还有两点值得注意，一是孙永"与民为约束"，建立水渠管理制度。在熙宁六年（公元 1073 年），孙永曾委托曾巩参与制订此制度。《长渠记》中说："……而诿余以考其约束

---

①《元丰类稿》，卷19，四库全书本，第7页。
②《元丰类稿》，卷19，四库全书本，第8页。
③《元丰类稿》，卷19，四库全书本，第8页。
④《（同治）宜城县志》，卷9，第28页。
⑤《宋会要辑稿》，食货61，《水利杂录》，上海古籍出版社，2014年，第7504页。
⑥《元丰类稿》，卷19，四库全书本，第9页。

之废举。予至而问焉，民皆以谓贤君之约束，相与守之，传数十年如其初也。予为之定著令，上司农。"① 关于此制度，因曾巩"上司农""定著令"的具体条文已失，我们还不得其详，但此制度从至和二年（公元 1055 年）至熙宁八年（公元 1075 年）保证了长渠的管理，并且"传数十年如其初"。其基本思路，都是让受到渠道利益者承担修渠工作，即权利与义务的统一。二是曾巩在《长渠记》中指出："夫水莫大于四渎，而河盖数徙，失禹之故道，至于济水，又王莽时而绝，况于众流之细，其通塞岂得而常？如后世欲行水溉田者，往往务躏古人之遗迹，不考夫山川形势古今之同异，用力多而收功少，是亦其不思也欤？"② 即在修复旧有水利工程时，不能不加思考，一味复古，因为山川形势可能已经发生变化。但官僚们为求得自己的功劳而乐于复古，不做认真考察，贸然行事，而实际效益"用力多而收功少"。曾巩所处的时代，正是熙宁年间，王安石变法时，农田水利法是变法的重要内容，因此对于兴修水利奖励有加。如曾巩所述："……及其后言渠堨者蜂出，然其心盖或有求，故多诡而少实"③，意指在熙宁时（即孙永修复长渠后），许多官僚欲乘机以修水利邀宠，"诡而少实"。在修复旧有水利工程时，应该认真考察山川形势，这在今天仍有教益。

十年后，即治平二年（公元 1065 年），襄州宜城县令朱纮又组织修治了木渠，也是按原来故道，疏理淤塞湮废之处，加固渠首，80 多天完工。"……其功盖起于灵堤之北筑巨堰，障渠

①《元丰类稿》，卷 19，四库全书本，第 9 页。
②《元丰类稿》，卷 19，四库全书本，第 8 页。
③《元丰类稿》，卷 19，四库全书本，第 9 页。

而东行，蛮、鄢二水循循而并来，南贯于长渠，东澈青泥间。附渠之两涘，通旧陂四十九，渺然相属，如联舰，高蓄下泄。其所治田，与王宠时相若也。余泽之所及，浸淫中庐、南漳二邑之远。"① 足见其规模。其效果也显著："今见其苕然，嶷然，皆秀而并实也。……至于岁大旱，赤地焚烈而如赪，则木渠之田，犹丰年也。"② 神宗熙宁元年（公元 1068 年）六月十一日下诏："……诸州县古迹陂塘，异时皆蓄水溉田，民利数倍，近岁所在堙废，致无以防救旱灾。及濒圩江埠毁坏者众，坐视沃土，民不得耕。诏：诸路监司访寻辖下州县可兴复水利之处，如能设法劝诱兴修塘堰圩埠，功利有实，即具所增田税地利保明以闻，当议旌宠。"③ 当时朝廷要嘉奖兴修水利有功的官员，襄州宜城县令朱纮因修复木渠受到表彰。

欧阳修在朝担任参知政事，见到郑獬所写的《重修宜城县木渠记》后，在上面题诗盛赞朱纮的功绩："沃土如膏瘠土肥，百里岁岁无凶菑。"④

宋神宗熙宁六年（公元 1073 年），王安石变法时，曾巩任襄州州官，巡视长、木灌区之后，为孙永主持修长渠（白起渠）一事补写了《襄州宜城县长渠记》。这些大文学家的诗文，使得长渠名传千古。

①《（同治）宜城县志》，卷9，第28页。
②《（同治）宜城县志》，卷9，第28页。
③《宋会要辑稿》，食货7，《水利》，上海古籍出版社，2014年，第6124页。
④［宋］欧阳修《书宜城修水渠记后奉呈朱寺丞》：因民之利无难为，使民以说民忘疲。乐哉朱君郭灵堤，导鄢及蛮兴众陂。古渠废久人莫知，朱君三月而复之。沃土如膏瘠土肥，百里岁岁无凶菑。鄢蛮之水流不止，襄人思君无时已。菑，一作"灾"。《欧阳文忠公全集》，卷53。

图 2-11 宋元时期长（白起）、木二渠位置图

靖康之乱以后，南宋绍兴三年（公元 1133 年），伪齐刘豫勾结金军占据襄汉六郡，长渠、木渠灌区受到严重破坏，二渠同时湮废。岳飞收复六州后，襄阳成为国防重镇，南宋政府更加重视屯田养兵与提供军粮。

绍兴三十二年（公元 1162 年）十一月二十九日参知政事督视湖北京西路军马汪澈奏请朝廷准予修治长渠。《宋史·汪澈传》载："孝宗即位锐意恢复……澈以参豫督军荆襄。……襄汉沃壤，荆棘弥望，请因古长渠筑堰，募闲民，汰冗卒杂耕，为度三十八屯，给种与牛，授庐舍，岁可登谷七十余万斛。"[1]《宋会要》载："相视襄阳有二渠，一曰长渠，一曰木渠；皆古来水利播殖去处。大约长渠灌田七千顷，木渠灌田三千顷。其间陂池灌溉，脉络交通，土皆膏腴。自兵火后，悉已埋废。"[2]

汪澈主张："今且先治长渠，凡筑堰开渠，可用二万工，并

---

[1]［元］脱脱等：《宋史》，卷 384，四库全书本，第 11 页。

[2]《宋会要辑稿》，食货 61，《水利杂录》，上海古籍出版社，2014 年，第 7525-7526 页。

合要牛具、种粮等，就委两路运司措置，不令丝毫扰民。长渠才成，或募民之在边者，或取军中之老弱者，杂耕其中，来秋谷熟，量度收租，以充军储，既省馈运，又可安集流亡。"[①]他的建议可以重点解决治理长渠需要大量人力的问题。

隆兴元年（公元 1163 年），工程动工。此次长渠大修，用工 2 万个，动用经费 10 余万贯，渠通后设 38 屯从事屯垦，年收谷 70 多万斛（南宋时 1 斛 =5 斗，10 斗 =1 石 ≈ 113.13 市斤，70 万斛 ≈ 3960 万斤）。汪澈此次以副宰相兼战区督视身份，主持修复长渠，是为进行军事屯田，解决屯守襄汉的荆、鄂两军的浩瀚军饷，减轻从江西、湖南等地长途馈运军粮的重大负担。

汪澈修复长渠 10 年之后，乾道九年（公元 1173 年）权京西路转运判官胡仰上奏，要求维修长、木二渠："……胡仰复言：长、木二渠之利，数内灵溪水见流白马堰，系鄂州都统制司营田庄，水亦通。唯是白马陂以东石子山、木眼山合渠去处类多损坏，日复一日，必皆湮塞。今若随宜兴修，可以立见成效。欲望下荆鄂都统制司，令同本司差官行视二渠，随宜开遍。诏户、兵、工部看详。各部欲下鄂州都统制，京西安抚、转运司、襄阳府同共疾速相度施行。从之。"[②]由此可见，长、木二渠在当时朝廷的议事日程中占据着举足轻重的位置。

七年后，襄阳知府郭杲又上报两渠因岁久湮塞，又行修治。又过三年（公元 1183 年），宋孝宗亲自下诏，宜城县令陈表臣主持修复。调集 2000 个劳力，一个月完工。《大元一统志》对此次修治记载较详："宋淳熙十年春，太府少卿、总领湖广财赋蔡

---

① 《宋会要辑稿》，食货 61，《水利杂录》，上海古籍出版社，2014 年，第 7526 页。
② 《宋会要辑稿》，食货 61，《水利杂录》，上海古籍出版社，2014 年，第 7526 页。

勘面见孝宗，言襄汉国家要害，而沃野弥望，水利费修，衮衮数千言，请修复宜城，以广灌溉。诏下其事，于京西俾条上，转运使江溥，安抚使知府事齐庆胄，保卫步军都虞候郭杲，相与讲究，求可任者。宜城县令陈表臣言：凿沟灌田，令职也，矧沟洫在吾邑乎！遂索故迹，疏其所以，近导之方，工费之数，持以必成之说，请自任之。奏上，即报可。居无何，庆胄守鄀、中书舍人王矩来为代之，亦以表臣可用。于是调兵、民二千，民从属令，兵从属统制官董佑才，毕力疏治，既阅月而渠成。表臣因从起水门四十六，通旧陂四十九，平徭役，分田亩，立约束，均水利，井井有序。"此次采用的是兵、民合建的形式，除修复渠道等堙塞之处外，还恢复与扩大了使用范围，"起水门四十六，通旧陂四十九"。同时制订了内容详尽的日常管理制度，称之为"井井有序"。

此后，光宗绍熙元年（公元 1190 年）和理宗淳祐十二年（公元 1252 年），屯田官又对长渠进行过两次维修。经过宋代的几次大修，长渠灌溉之利长达百年。

三、元朝长渠及其经营

至公元 1267 年，蒙古元帅阿术攻掠襄阳以南地方，俘人口五万，长渠（包括木渠）灌区又受到大的破坏。公元 1273 年城破，吕文焕降元，长、木灌区归入元朝版图。长渠于至元十年（公元 1273 年）、大德六年（公元 1302 年），因大水冲决，又补修。

这段时间长渠（包括木渠）虽受兵燹破坏，灌溉之利尚未完全丧失。公元 1278 年，屯田官刘汉英等呈报了长、木二渠的情况。元朝廷把灌区划属大护国寺的固定产业，租课作为大护国寺的活动经费。但因二渠之利已近末期，20 年后改属提举司管辖，筹划

修治。

公元 1302 年，李英奉旨用国库款项招募民工重修武安、灵溪二堰，二渠亦开工治理，不数月大功告成。具体负责修治施工的是大都（北京）民匠总管尹井仁。元何文渊《重修武安灵溪堰记》对此次长渠（包括木渠）的修治记载较详："……我朝至元十年癸酉既平襄汉，又六年戊寅，屯田官刘汉英，其属丁思明、刘兴、黄汉臣等建议，图而上之，东抵江汉，北亦如之，南际安陆、荆门界，西划南漳白罗溪也。有命作恒业，于大护国仁王寺，以为隆福宫焚修之资，官以提领岁课所入之租。大德三年己亥，改营提举司。逮六年壬寅，中政院同佥李英奉旨出内府金，募民修筑。斩伐竹木，藁秸土石，立堤防，障横溃，完崩缺，瀹壅阏，心计手授，略无宁暇，是以不数月而告成……"[1]

此次大修后，虽经元末的农民起义战争，但二渠灌溉之利仍延续 100 多年，直到 15 世纪才渐次湮废。清同治五年《宜城县志》称："二渠者，吾宜水利之大者也……降至有明，日就湮塞。"[2]说明明朝初期长渠仍在发挥灌溉之利。

四、明清长渠及其经营

公元 1368 年，明太祖（朱元璋）即位后，政治中心和国防重心北移，经济重心东南移。开国之后，百废待兴。到明成祖时（公元 1402—1424 年），国势日强，但出于政治需要，忙于"高筑墙（修长城防胡人）"，营北京，修武当（出于巩固朱棣帝位的需要），没想到长渠、木渠这样的地方工程上来，而且长渠、木渠在此时

①《湖北金石志》，金石 13。
②《（同治）宜城县志》，卷 1，第 38 页。

并未完全湮废。

到英宗时，瓦剌犯境，北部边防危急，顾不上国内建设。此时，二渠完全湮废，也正是此时，遇到气候寒冷干旱的周期。1427 年，湖广、河南、陕西等地大范围干旱。1433 年春夏无雨，二麦不实。1438 年天时亢旱，禾田龟裂。1446 年湖广亢旱，禾稻枯焦。接二连三的大旱，致这一带百姓饥寒交迫，流离失所。明宪宗继位不久，就暴发了荆襄流民起义，起义领袖刘千斤在南漳被俘遇害。不久，荆襄流民再起。两次起义，前后达 10 年之久。明朝官府最后开放房县禁区，设立郧阳府以安置流民。采取移民办法，虽将此事平息，但失去了修复长渠的机会。20 年后朱厚熜（嘉靖皇帝）从钟祥进京继位，大兴土木，集数省钱粮为其父母在钟祥修陵墓（显陵）。宜城地方官修驿站，护驾修陵墓出工，无暇顾及修渠，致使渠道湮废日久。明末农民起义，灌区境内农民附义，人口大减。明朝 276 年间，终未修过二渠。

清初，宜城境内人口稀少。康熙二十一年（公元 1682 年）宜城仅有 1007 户，3273 人。经过清初 40 年的休养生息，人口尚未恢复到明万历年间的一半。康熙年间，还从山西、江西、陕西一带向宜城移民。乾（隆）嘉（庆）之后，生齿日繁，不到百年，全国人口由 1.43 亿剧增至 4.02 亿。咸丰九年（公元 1859 年），宜城人口增至 4.8 万户，29.3 万人。为谋生计，宜城境内大力垦荒，多处湖泊（宜城市境古有 12 个较大湖泊）和陂塘（即古长、木二渠沿线陂渠串连的"结瓜"工程）于此时多被围垦，大部山林被毁。在人口剧增的压力下，复修长渠一事，被重新提到官府议事日程中。

嘉庆十二年（公元 1807 年）春，宜城县士民王载、鲁桂元、邱映甲、王凤岐、冯渥、杨尚讦等会同南漳士民朱价潘、余在田、戴松、陈之荣、张鳌、童漳等在宜城、南漳二县县令支持下，联名向湖广、襄阳二府呈请复修长渠。武安镇首士苏光德、马自兴、朱浑烈、罗瑛、卫士林等以"断水妨商"为由，亦通禀湖广、襄阳二府。湖广督宪委派湖北安襄郧荆兵部道兼水利事务王正常督同南、宜二县令会勘之时，武安镇商人贿通王正常。王正常以"坎高河低，有害无利"之由，向督宪潘宪常面呈"该渠不可疏凿"。次年春（嘉庆十三年孟春），督宪潘宪常即将宜城士民王载等控词注销，并批示指令南宜二县出示晓谕，"毋再妄逞意见，混讼扰累"，武安镇首士苏光德等即将潘宪常的批示以石勒记"奉承宪禁"，成为流传后世的"永禁开渠"碑。

图2-12 "奉承宪禁"碑

咸丰九年（公元1859年），宜城士民再次请修长渠，沿渠线百姓在首士黄金海带领下，沿古渠线开挖。武安镇商人速以宜城士民擅挖长渠为由，向湖广、襄阳二府控告。湘广督宪潘宪严派员驰往南漳、宜城二县查办开挖沟渠情形，将黄金海等以"不遵示禁，擅自聚众兴工，越境强挖之罪"拘押襄阳府查办。对宜城县令袁秉亮，以"地方重要事件，一味玩泄，实属办理不善"为由撤任，委襄阳县令到宜城接印（任县令）。咸丰年间倡修长渠之事，再度无果。

光绪三十一年（公元 1905 年），宜城县令杨文勋鉴于历史上多次请修，因武安镇商人恐断水妨商之顾虑，主动与南漳县令交涉，提出改变长渠渠首位置，只闸清凉河不闸蛮河，修一条自武安镇至小河的车马路等变通补偿的办法，恳请同意修复。杨文勋在与南漳县令交涉时说："今敝县思立两便之法，……路与渠并修……闸清凉河不闸县河。"并主动表明态度："我邑愿先资助二千串，倘渠通获利后，当禀委武镇司兼理沟渠事务，每岁上稞二百石，以资律贴，永著为例。"其时，又派县役宋瀛海等查勘路线，拟定计划，呈南漳县令、武安镇绅首阅示。杨文勋虽两度与南漳县令、武安镇绅首会商交涉，也未能化解地域间的利害冲突矛盾。次年（公元 1906 年），杨文勋调离宜城，修渠事宜再无人问津。

第三节 传统灌溉工程的转折（1911 年至 2020 年）

一、近代复修工程的努力

民国二十八年（公元 1939 年）初，国民党第三十三集团军总司令张自忠在了解长渠久废不治的情况后，电请湖北省政府复修。湖北省政府于 1942 年明令动工复修，至 1947 年五年间，两度兴工修渠，终未能成。为纪念张自忠将军，长渠曾更名为荩忱渠。

1939 年 6 月 29 日张自忠致电省政府主席严立三："顷据宜城各界代表贾世昶等声称：在昔河西原有长（白起）渠一道，上起南漳之王家河，下至宜城之赤湖，蜿蜒 70 千米，灌田 30 余万亩。嗣后渐次湮废，以致水旱更迭、灾害频仍。若加修浚，岁可增产粮食百万石左右。值此抗战期间，增加生产实为扼要，拟请转电

兴修，俾国计民生同受其利，等语。查吾国抗战，原以持久为争取最后胜利唯一途径。前方将士喋血奋斗，端赖后方大量生产以充实抗战资源。而田地丰歉，直接关系军食尤重。该代表所呈各节，经详细核询尚属实，情爱为电达。拟请吾兄加以审核，即转令宜、南两县，动工兴修。再，敝部整训期间，并可酌派军队帮助疏浚，以期早观厥成。如何处之，仍祈卓裁见复为荷。"1940年5月16日，张自忠将军在宜城县长山壮烈殉国。

1941年，湖北旱灾奇重，襄、宜、南、钟、随等县均被列为一等灾区。宜城全县堰塘干涸，人畜饮水困难，再次动议复修长渠。2月，宜城县县长张文运以反映民众意见，纪念张将军以身殉国爱国精神之由，致电省政府，请求批准修复长渠，并请派勘测队实施测量。

1941年4月初，湖北省第二水利工程勘测队遵省政府第393次会议决定，队长王守先率该队技术人员赶赴长渠现场勘测。据勘测结果，勘测队得出结论："长（白起）渠修复，在宜城方面绝对有利无害，在南漳方面虽利极微而不绝对无害，因利害之悬殊，又事涉两县故纠纷，更甚数百年不能决。昔为政者，多以息事为主，遂有永禁开挖之禁。今兹本省建设方案，既以农田水利增加生产为主要，此而莫办，则鄂西山区地带将更无可办工程也。"1942年11月16日，长渠工程宜城段动工。1943年1月13日，南漳段破土动工。1945年3月，日军发动豫鄂战役，再次侵犯鄂北，工程施工被迫停止。日军进攻时，长渠工地匆忙疏散，工程处仅携带测量仪器逃避于石门、李庙深山，其他物资器材工粮均被日军抢劫一空。日本陆军战史记有"此次战役掳获大米100吨，食盐100袋……"，长渠损失价值达1000多万元，被迫停工。

抗日战争胜利后，1946年春复工后物价暴涨，原工程预算不敷甚巨，工程处先与农行洽定贷款 200 万元，但农行座令"款尽工悬"。延至秋季，工程预算因物价剧增再次变更。1947 年 7 月经省政府派员详细估算，其未完工程需贷款高过 1600 万元，除原核定的 200 万元外，尚须增贷 1400 万元。虽经省政府商请水利部派技术人员赴工地勘察，改变工程计划，削减投资数额，再申请贷款，然未照准。因经费无着，在工程尚未完全复工的情况下，1947 年 7 月底全线停工。

附：

（一）陈英武勘查长渠报告

钧府鱼省建施电：以准，张总司令电请修复长渠。以重农田水利增加生产一案，转饬会同筹划，积极办理等因。遵查此案业缓述修渠理由，分呈钧府暨第五区行政督察专员公署核实办理，旋奉。专署令饬会同南漳县长、第三十三集团军总司令部代表及专署所派技士吴典等，于七月三十日在南漳属武镇集合履勘并饬将勘查情形及应修复理由为。

甲：长渠之沿革

（1）长渠之兴修

查长渠之兴在战国时期，当时秦白起攻楚去鄢（即今宜城）百里立碣雍水以灌鄢，遂拔之，后世因利用是渠以灌田。是渠上起漳属武镇上游之桃园口，下至宜城赤湖而入汉水蜿蜒百里。渠之所经，田皆肥沃，并渠之民，足食而甘饮，嗣以年久于塞，田数苦旱，宋至和二年，宜城令孙曼叔，大加修浚，恢复旧貌，两岸居民，蒙其利先后达二千年。曾巩有长渠记作，载在古文辞类，篡及宜漳两县县志，班班可考。明代因兵灾，渠渐湮废。清宜城陆、

杨两县令，亦先后倡修。卒以漳属武镇一隅，未加赞同，事遂中止，以致一迂亢旱，即赤野蒲日，禾苗枯槁，民鲜收获，膏腴变为硗瘠，地方之疾苦日甚，可知长渠之兴废，实为民生之利害所关也。

（2）长渠之现状

勘得长渠起南漳武镇上游之桃园口，经清凉寺、张家营、下关庙、沈家湾、瓮台寺、方家岗、陡沟入宜城境，折向东南流，再经长当、杨岗、郭家坑、王家康、段家营、古楼岗等处汇于赤湖。地势西北高而东南低，水之就下，其势使然。现渠之旧迹，在宜境者，尚存十分之八，在漳境者亦在十分之三以上，果能因势利导，理其淤塞，去其浅隘，则事半功倍，斯渠不难规复矣。

乙：修渠之利益

（1）受益田亩

长渠绵亘百里，自宜城长垱起，至赤湖止，约六十里，两岸灌溉面积，有宽五六里及十余里不等者，受益田亩约二十余万亩。自南漳武镇南之叶家湾起，至陡沟止，约二十里，渠之南岸，灌溉面积有宽一二里及六七里不等者，受益田亩，亦以数万计。两县治渠受益田亩合计不下三十万亩，非独宜城一方之利，即漳境农田亦先受其益。

（2）增加生产

值此抗战时期，足食即所以足兵，增加后方生产为重要。长渠修复后，两县受益田亩，既达三十万亩，每亩约可增收麦六七斗不等，就季言，每亩约增收二石余，每年共可增加生产近万石，利益之大，于此可见矣。

（3）减少水旱

查蛮河流经宜漳两县沿河居民，时惟水患而高原农田又苦旱灾，若长渠得以修复，一面可分刹蛮河水势，减少水患。一面可资灌溉，救济旱荒，化水害为水利，诚一举两得。且农田需水灌溉，多在春夏水涨之时，秋冬水涸仍可使水复还河道。于商运亦无任何影响，故修复长渠，诚有利而无害也。

丙：修渠之计划

（1）征工疏渠

查长渠因年久失修，固不无淤塞之处，但渠迹具在，历历可寻。其修复工程，尚属易举，且民众之望修复斯渠，若大旱之望云霓。一旦实际动工，则民众莫不欢欣鼓舞，踊跃从事。兹拟以受益之田亩，为征工之准则。若每亩征工一个，则可得三十万工，诚所谓庶民攻之，不日成之。

（2）征费建闸

建闸兴修渠，应相辅而行，修渠则征民力，建闸则征民财。其征费之数额，亦以受益田亩为标准，俾权利义务，得以平均。以受益数十万田亩之农产，而担任此少数建闸之经费，其财力殊不成问题也。

以上各点，乃就长渠之沿革及应修之理由，举其荦荦，大者之言，夫千余岁之渠兴废利害，昭然易见。自明季以来，渠务废堕，固由人事未尽，实因长渠流经南漳、宜城境界，事濒两县，或存畛域之观念，或因局部之私见，稍有障阻，即颓然而废，致使水利久施，民困日深，良可慨也。昔郑国之治秦渠，关中无凶年，西门豹之凿邓渠，农田得灌溉，其始费财动众，人亦未当不以为烦难，迨渠成利兴，人皆乐兴其成，矧兹修复旧渠事易举而利易见，更无所用其顾虑也。

钧座通盘筹划，垂念民生，坚其意肯，严其功令，修百里之长渠，树万世之大业，并恳早颁修渠明令，限期完成。县长当策动民众克日开工将渠修复，万民利赖，饮水思源，□当不忘。钧座府赐签核，训示祗导，不胜迫切待命之至。

谨呈湖北省政府代主席兼建设厅厅长严

陈英武

1939 年 7 月

（二）蒋元会勘长渠报告

钧署所派技工吴典、一八〇师李副师长树人、三十三兵站佟分监，宜城陈县长、士绅等，前往县属所辖之谢家台蛮河（即县河）、清凉河（即王家河）合流之处，实地勘察。复沿长渠路线，经过白家河、武安堰北端童马二营、徐家营、方家岗至陡沟，全线由西迄东长有三十余里，县长于履勘之余，就其形势权其利害用将一得之愚，虞陈于后伏乞。垂登赐予参考注意令。

（1）自谢家台起至陡沟止全长三十余里，其间长渠旧迹，早已湮没，现下所存者不尽全线六分之一，且此痕迹，并非原址，系清咸丰九年，宜城县民率众强挖，经官府勒令填补未完之遗迹，即狭而浅，已不适用，若必疏浚，势非新开渠道不可，更以拟开地带高出河面，仅低之处，亦有三四丈。设若疏浚非依势开深开宽不能引水入渠。以三十余里之长，四丈之深，二丈之宽，其工程浩大，财力之耗费，不待详计，亦可概见，当此后方微发正丞之时，秋收方迫之际，人民有无余力，颇难悬揣，此应注意其一也。

（2）查昔秦将白起引水灌鄢，原以清凉河（即王家河）、蛮河（即县河）两水合流，其势尚猛，故渠开水以东注。但自清康熙雍正年间，南漳钱李两宰，以兴办水利，在清凉河上游建修河堰七十二道，蛮河上游建修河堰九十六道，共计一百六十八道，分其水势十分之七八，目下所余仅十之二三而已。此次县长勘查所有该处河面宽不过丈余，深不过尺许，以弱渺水，再分为二，经百里之遥，以达宜境能否济用，殊难逆料，此应请注意其二也。

（3）自王家河（即清凉河）至陡沟东西三十余里，其间尽膏沃之田，一旦开渠，势须侵占，此项损失，究由谁偿？且所引之水是否济用，尚需专家研讨，而此意中损害若不预为筹讨，则行见宜民未受其利，漳民先蒙其殃，此应请注意其三也。

（4）查武安堰为南漳重镇，亦即鄂北光谷房保山货农产物会聚之点，经济文化所关至重，惟以地势低洼，县河已出其南，长渠又隔其与县相遹，渠道所经，仅隔市面数十丈，而渠身又高出数丈二，山洪暴发，必成南北泛滥，两水齐加，势何能当，全镇即有泽国之虞，商民亦有鱼之恐。影响所及，非唯南漳，即光谷房保之邻县在经济文化方面均受相当之损失，此应请注意其四也。

（5）查长渠之口，拟开在谢家台地方，而谢家台低于陡沟地方约十二丈有奇，如果山洪暴发，狂澜陡至之时，闸当其冲，无不崩溃，谢家台附近数百户居民，更首蒙其害。设闸于此，则该处民众，势必冒死破坏，轻者互诉不休，重者酿成巨灾，即此一端必成为南宜两县人民之永远祸根。此应请注意者五也。县长奉令会勘，即未便遏拂民意，亦何敢稍违，谨将管见略陈梗概，是否有当，除分呈外，理合呈复。

谨呈湖北省第五区行政督查专员吴

蒋元

1939 年 8 月

（三）宜城县各界电请省府明令修长渠

宜昌、省政府代主席严，钧鉴查本县修得长渠一案，经会勘呈报后，本县各机关复联电请钧府迅颁明令，早日施工。钧统筹全局，历行建设，自有权衡，何容代表再事琐渎。无如漳属武镇一隅士，囿于成见，迷于风水，狡黠顽梗，不可理喻。会勘时，理屈词穷；会勘后，危言耸听。引证则只求片面，事实复故意歪曲，若不据实陈述，则彼辈似是而非之论，实足以动摇当局之意志，淆惑社会之听闻，故敢不避冒昧，为钧座陈之。

（1）查彼辈奉为金科玉律者，即为贿买得来之前清道台"永禁开挖明令"，殊不知满清、民国，国体、时代不同，施行方针亦异。在昔闭关自守，以多一事不如少一事为原则，胡在今日视为交通命脉之轮船火车，以及有关经济建设之凿渠开矿，当时均在禁止之列，是则该项，明令就今非由随买而来，其不能拘束抗战国声中之经济建设，漳漳明甚，此其一。

（2）长渠始凿，由于白起，固系军事作用，但后世资以为利垂两千年。郦道元《水经注》，所谓灌田三千余顷，曾巩记长渠，亦谓"并渠之民足食而甘饮，余粟于之四方"，载在古文辞类，纂及宜城南漳两县县志，已成为双方不争之事实。今彼等对于满清"永禁开挖明令"，则视若神圣不可侵犯，于先哲之遗训，反讥为"文人行文过甚其词"，竞为二河之水，上游河堰已经截去十分之七，余水十分之三，决不能灌田三千余顷。查洞河（一名清凉河，入口处称王家河）水量经上游河堰截去后，余水诚属无几，但蛮河及八都河经上游河堰截去者不过十分之一二，三水会合仍成巨流（最低水位时，平均水深一公尺，宽三十公尺），入渠之水有十之六七，即已敷用。且沿渠公私水库水塘不下千余，洪水时期蓄以备荒，尤足以资调节，而减灾害。况长渠流经两县，漳民先受其利，徒以当地农民，即乏团结，又无多金，在前清末年，与武镇巨商富贾争执失败后，即噤若寒蝉。此次会勘，沿渠履勘，南漳人民遮道欢迎，盼早施，并由当地张保长领衔具呈，贡献意见，不料武镇奸商刘炎乡等，竟敢怂恿南漳县长于十月十七日将张保长非法逮捕，施以监禁，没收呈文，强加销毁，并指为"漳奸"，勒令交出余众。此等既官绅勾结，压迫漳民，以漳民不出赞助证明长渠无益于南漳，颠倒是非，一至于此，此其二。

（3）长渠规模，备于有宋，距今不过六百年。除王家河入口，由桃园口上移三里，至谢家台处其余河身高下形势并无更改。查谢家台最低水位时，水面与河北岸高低相差约有三公尺。在该处建坝拦水，闸高二公尺，深二公尺，即可引水。坝设水口若干，以为调节水量之用，即或洪水泛溢，漫坝而流，于上游农产房舍毫无影响。秋冬水涸，水归故道，于下游航运及武镇商务亦可兼顾。至武镇以上河流，礁多水浅，根本不能行舟，房保漳间货物之转运，向赖肩挑背负，建闸拦水，与彼等更毫不相涉。徒以武镇人士，基于风水观念封建头脑，故意修陈上游损害数字，以一手掩盖天下耳目，若蒙派员覆按，不难真相毕露，此其三。

（4）长渠自谢家台至赤湖，蜿蜒百里，地势西北高而东南低，水性就下，不成问题。原有渠形，在宜境者十存八九，在南境者因意图湮没仅十存二三。渠之废址，私人改作田园者有之，用作堰塘者亦有之，并有建屋营墓于其中者，履勘各员可资询问。由谢家台至陡沟一段，全在漳境，其倾斜度虽未施以水准测量，但往日渠流所经，舍此别无他道。六百年间，陵谷即有变迁，亦未有如彼辈所言下游反高于上游十二丈有奇者，代表等随同履勘，根据当地沟洫，参酌父老谈话，大概渠址每百公尺者比降五公寸至二公尺不等。彼辈不顾事实，忘以臆断不经之语，蒙蔽上听，此其四。

（5）水利工程，往往施工于此而获利于彼，如经惠、洛惠诸渠，其引水入口处，当地人民难免无些微之损失，然主持者并不因噎而废食。同属国土，不应存畛域之见也。宜境申家嘴、朱家嘴之间，如可引水，白起凿渠时，何必舍近而求远？诚以该地水低岸高，相差十余丈之钜，建闸拦水为不可能。本县绍前规恢复旧渠，彼准必欲尽翻旧案，横肆阻挠，并强词夺理，妄指宜境可以建闸，更属狡妄之尤，此其五。

综上所述，凡是足以资武镇狡辩之理由均已不攻自破，以前清政府之乱命，及闭户社籍之档案，冀图牵制当今之经济建设，尤为荒唐。值抗战建国时期，后方建设，突飞猛进由国家投资钜万之新兴事业，不知凡举，而本县用自力以兴废举坠，反遭武镇之无端反对，而莫可谁何，是宜漳两县猾贾生心，亦且使万民失望。凤仰钧座主持鄂政纲举目张，兼管建设，百废俱兴，更是缕陈下情，统筹全局。明令专署早日施工，并酌派水利技术人员，主持公务，俾得早观厥成。

宜城县动员委员会代表王瑞麟，教育会代表杨伯乡，农会代表张达用，商会代表胡荣乡，公民史卓然、刘月塘、李伯英等同叩，鱼（电报6日代号）。

1939年7月

（四）南漳县各界联名给省府的报告

为循虚名而息事实，冀小利而遗大害，乘间图私，浮言淆听，公恳详权利害，明令斥正，以保民生而重国计由，寄恩施：

鄀水河床昔高今低，下游水量昔大今小，故较量灌溉之利害，今昔不能强同。即如白起灌鄀，当时河床高，上游之水量未分，自宜城拖锹沟引倾注直下，其势顺是以其功易成。后，宜人循其故迹，以为长渠获灌溉之利。迨元明以降，鄢水上游之清凉河、蛮河及其他支河沿岸旱地纷纷辟为水田，节节开渠截流，计百余道，所余水流极微细，而河床又积，经暴洪冲刷，逐渐低降，因之长渠引水渐难，宜城人灌田之利渐失，循至于废已千百年矣。今欲复而兴之，正尤欲激低之水以灌宜之城，其势绝不可能（固现时县城建在山岗较古鄢城地位为高），宜人不追究长渠所由兴废之原委，忘诞前利迭谋兴复。就宜人小利，不顾漳人大害，欲于南漳境内之谢家台从事开凿。自前清嘉庆十二年倡掘以来，中经咸丰九年之越境强挖，光绪二十二年之勘查、建闸，均争讼，屡兴大狱，迭蒙督抚道府委派大员覆勘，严禁开挖。严辨首士宜人，复撤惩多事宜令，有卷宗可证。以张文襄之治绩，长渠之利果大，必早已兴复，惟其以为漳人害大、宜人利小，始严申永禁明令，杜绝两县无穷争端，顾全两县长时和平，所由令人钦仰不置也。而少数宜人，漫不加察，于民国年间犹屡欲翻定案，坚持不休，近且变本加厉。而宜城县长陈英武惭无建树，欲邀功以掩拙，不顾事实，苟且迎合宜人欢心，阴挟曾巩记，功铺张之虚文（长渠记有三千顷之说）夸大其词。妄称疏浚长渠灌田三十万亩（暗合曾巩三千顷之说，以求取人信以为实），岁可增产食粮百万石左右。竟以此种浮言蒙蔽，淆或欲借抗战国策大题，冀达宜人百年夙愿，其贪鄙险恶极甚矣。须知漳邑河堰无灌田之事例最大者不过灌田三千亩（以此足以证明曾巩三千顷确系三千亩）。抑综计宜县全境有田地四十万亩，省府财厅有案。宜地汉水直贯，鄢水东下。汉水东岸，占其全境幅圆过半，鄢水西南复占其全境四分之一强，鄢水东、汉水西，两岸所夹之地，仅有其全境五分之一，弱计田不足八万亩，而此八万虚数之中，滨岸及附近沙地绝无改

水田之可能者。复其十分之七，余十分之三除山岗丘陵隔塞，长渠可灌之田仅数千亩，事实具在，无可掩饰，是其所云三十余万亩，核实为三千亩之浮称。此三千亩田不改水而仍旱，每年秋收有望，若改旱而为水，岁稻所收除抵旱收外，增粮不过三千石左右而已。一遇天干，鄢水源流被截一空，斯时无水可救，改旱不能两无收获，实为宜人大害。即使岁稻可以增额弥补，长渠开后，漳人田亩损失不能收获之易，不及十分之一。盖长渠拟开漳地，自谢家台绵至陡沟计长五千四百余丈（量田弓尺）因地势傍山麓，地位较高，平均挖渠非六丈不能，通宽非二丈五尺（就渠底言）流不及宜。且渠上筑堤，非倾斜而高厚，则坍塌为梗，水流立绝，故一沟两堤之宽度，需地十丈兼之，非立通河水道多处，无以防暴洪之泛滥以入道。出水渠路计之，至少又需地长二千八百丈，宽一丈五尺，合正渠出沟计，当废漳人常年两收熟田一千六百余亩，岁当减收粮食八千石以上，政府赋课，亦必锐减，此受害之显而易见者。且因河床既已降低，必建筑高闸，始能通水入渠，平常水小，修闸惟恐不坚，一旦出洪暴发，则水被阻隔，闸上两河沿岸千万良田，受其淹没之患，减收粮食每年当在二万石以上。而闸下因激水泛滥，怒涛奔冲，及出沟之，洗荡附近良田及武安堰商场。适承其塌，是楚商又均受大患，此为害之隐而更深。其势无可幸免者。兼之渠成，自陡沟达宜境朱家咀，又须发宜田数百亩，大量生产源地，顿被浸亏，无所填补，实为国家大害。专就长期抗战国策而言，新兴生产不可其得，而原有先受损失且无益有害，宜人亦等熟矣，其坚持小利而不顾漳人大害，顷刻不忘动酢之祸，在所不霍者，意不专在区区灌田之利，而最大目的，在遏绝河流，阻碍航运交通，以残武安堰商场渐通四方商贾，使走集于宜市如小河及孔家湾、璞河脑等处，以专繁荣宜境。武安镇商场，近使漳邑贸易还利保房与山商，举数县利国福民之生产，如木耳、桃仁、茶叶、油漆、药材等，种类不下数百，出货及其所应需用仅此水道。听一面风具阴谋之浮言，误信为利大害小准其开渠，势必妨碍船运，在堰商数万口生活固顿感困窘，上下漳宜光谷房保之交通，并愈形迟滞，是不宜开渠。遗害漳人及社会国家与军事上之利使者，其理之显，而事之明，惟宜人贾世昶、王瑞麟等暨县长陈英武别具肺肝，言在此，而意在彼，抗战时期，欲以增加生产便利军事之言，牵制漳人，以达其私图，而偿其宿愿，故虽达仅事理而不顾，是司马昭之心，而今复见于宜人矣。

钧座府赐准予查核。南漳公民郑东周、郑伯轩等呈明不能开渠理由，附具摘录志卷碑摩暨调取宜城县地图，财厅存案，权利害大小之所在，永禁开挖之成案，严斥宜城县长陈英武，并制止宜民贾世昶、王瑞麟等妄生事端，以全国计民生而杜无穷隐患，实为公便。

谨呈湖北省政府代主席严

南漳县财务委员会委员郭近民、商会主席李心颜、第一区区长严壮、教育会常务干事李文叔、新生活运动促进会主任干事夏云青、农会干事长王道三、苗圃技术员谭文成、中心学校校长蔡楚潘、教育馆长罗大森、总工会常务理事会吴光德、妇女会干事李桂麓。

1939 年 6 月

（五）王守先勘测长渠报告

1. 长渠历史

战国时秦将武安君白起攻楚，去鄢百里立碣，壅蛮水灌鄢，

故楚都遂拨之，后世因其利以灌田。渠起南漳县武镇上游谢家台，讫宜城县赤湖而入汉水，蜿蜒四十六千米，号百里长渠，名白起渠，堰曰武安堰。渠之所经，田皆肥沃，民受其利。宋至和二年，宜城令孙永并大加修睿。明代因兵燹失修，渠渐湮废。清季，宜城陆、杨两县令先后倡修，因南漳武镇一隅未加赞同，事遂中止。

2. 勘测动机

二十八年，张故总司令驻节宜城，观稿苗赤野，询及长渠失修情形，电请省府复修，以兴水利，早经列入本省建设予算内，本年省府复核。宜城张县长电，以长渠为该县开发农田水利，增加生产之唯一事业，请迅派队勘修等情，本队驰往勘测设计具报。

3. 勘测经过

本队奉令暂停其他各处勘测工作，先前往宜城测量长渠渠首，经南漳武镇印有各法，力陈开凿长渠弊害无遗，并准南漳县政府函抄该县公民代表等原呈各件，请资参考，以维永禁开挖成案，而利民生。宜城民众亦以修复大利相告，事涉两县利害冲突未决，皆非无因。本队奉令勘测，即以增加生产为目的，应否修复，当以测量结果为依归。两方辞诉均接受，供此次测量参考。测量分初测、复测两步骤，初测以测该工程可能性，复测以决定工程计划。四月十日起开始初测，至二十七日完毕。五月一日开始复测，至六月十日完毕。所有测量图表工程设计正在继续赶制中。

4. 测量情形

（1）谢家台水位 93.31 公尺，岸高 97.39 公尺，陡沟高 101 公尺，蛮河余水流量每秒六立方公尺，可建坝（坝顶高 99 公尺）。壅水入渠灌宜田十万余市亩，南田千余市亩，每年增加稻谷生产三十万石，值国币六十万元。

（2）长渠所经宜境田地多属水田，共十五万余市亩。因无活水灌溉，以致种稻虑旱，种麦虑浸，傍徨莫定，尚数年不收，人民疾苦。此渠若开，十万亩皆变肥，宜民将足食而甘饮。

（3）南漳境内，水田已有安乐堰、陡沟等水足资灌溉。长渠对于南漳田无灌溉利益，并将淹毁良田一千市亩。武镇商运受影响。

（4）武镇在抗战前为鄂北三大名镇之一，每年进出口货物达七百万元，蛮水实为其生命线。长渠开，河水分流后，不利运势难避免。不过抗战以来武镇商场已渐凋敝，将来影响所及，商场转移而已。

（5）现鄂北各县运送军粮，民夫载道，日不下万计，若能就近增加生产三十万石，接济军食，不仅运输可省万千，增加抗战力量，鄂北粮食当亦不致目前之严重也。

（6）长渠若开，武镇夹于两流之间，似有被淹之虞，此工程设计上当有泄水闸、退水闸等安全设备，可以毋虑。

（7）蛮河流经宜漳两县沿河，居民时罹水患，高原农田又苦旱灾，长渠修复，水势即分，可望田亩得灌获其利甚大。

5. 工费概估

工程费应俟全部图表设计完成方能完成，兹暂先概估如次：

（1）干支渠共长九十千米，挖渠土方约一百五十万公方，需工一百五十万。按亩征发民工，每名日给伙食津贴二元，需费三百万元。

（2）滚水坝、退水闸、引水闸、泄水闸、支渠闸门以及刷沙池、渡漕等设备费约三百万元。

（3）上项工程共六百万元，按照受益田亩十万至十五万亩平均摊费，每市亩约四十至六十元（约一年生产粮食产量十分之一）。

6.结论

长渠修复，在宜城方面绝对有利无害，在南漳方面虽利极微而不绝对无害。因利害之悬殊，又事涉两县，故纠纷更甚，数百年不能决。昔为政者，多以息事为主，遂有永禁开挖之禁。今兹本省建设方案，即以农田水利增加生产为主要，此而莫办，则鄂西山区地带将更无可办工程也。

第二水利工程勘测队　王守先

1942 年 6 月

二、现代长渠整治

中华人民共和国成立以后，长渠修复再次被提上日程。1949年 10 月 26 日，湖北省水利局通过修复长渠的决议，1950 年 1 月经国家水利部批准予以支持修复，于 1952 年 1 月动工，1953 年 5 月 1 日完工。

图 2-13　群众到长渠渠首参加完工庆典（1953 年）

1950年1月，湖北省水利局接奉中央水利部关于主持修复长渠的指示后，多次开会研究，从工程技术的角度总结清末、民国时期长渠复修失败的原因，认为必须经过详细复测工作，方能动工。3月，湖北省水利局第三、第四两个工程队前往南漳、宜城进行施测。

1951年1月，湖北省人民政府决定长渠工程动工兴建的指示下达之后，襄阳专署和宜南两县人民政府即着手施工准备，抽调干部，组建领导班子。秋，湖北省水利局派出3个工程队到长渠工地。11月7日，长渠工程处成立。将长渠修复工程施工计划划分为两个阶段：第一阶段，自是年至1952年8月，完成干渠土方工程；第二阶段，自1952年9月至1953年4月完成渠首工程、支渠土方工程和建筑物兴建任务。

开工初，建筑物工程由武汉解放、建声两个公司承包施工，工程处监察。1952年4月"五反"运动开展后，奉命将两公司改编为第七、第八工程队，由工程处直接领导。长渠工程由部分发包完全改为自办。工程队职业工人来源于上海、汉口、老河口、襄阳、南阳及宜、南两县，计有砌工400名、石工60名、木工40名、铁工8名、抽水机技工19名、其他技工1500名，计2027名。

1952年1月，宜城、南漳两县投入4万劳力，长渠干渠土方工程全线开工。1952年春，干渠土方工程完工。9月，施工进入第二阶段，渠首工程及建筑物全面开工。1953年春，支渠工程开工。4月15日，修复长渠的所有工程全部竣工。宜、南两县人民以一年零4个月的时间，修复了全国最早的灌溉渠，完成了湖北省历史上第一个大型水利工程。

表 2-1   1953 年长渠工程体系表

工程类别及名称	具体描述
水库	水库系长渠重大的"结瓜"工程。1956 年 10 月动工兴建了第一个"结瓜"工程——邬家冲水库。1957 年 10 月兴建武垱湖水库,是年冬动工兴建长渠最大的"结瓜"工程——鲤鱼桥(中型)水库。1959 年冬,又动工兴建胡岗水库。
鲤鱼桥水库	该库位于宜城城区西郊,坝址坐落于古木渠故道、鲤鱼桥北约 200 米处。水库兴建前,坝址上下游均系长渠灌区。为增强下游汉江以西至西岗东麓一带灌区用水保障,1957 年 10 月,国家投资 30.21 万元,受益单位自筹 3 万元,宜城县组织城关镇、龙头乡、何骆乡、胡岗乡计 6700 余劳力,于 11 月上旬全面开工兴建,次年 5 月竣工。水库建成后,水库水源来自两个途径,一是水库上游集雨面积内来水,另一是由长渠鲤鱼桥进水渠直接引长渠水灌溉,年补充水源 3 至 4 次。该库是一座以灌溉为主,兼顾防洪、发电、工业供水、养殖的中型水库。大坝系均匀土质坝,最大坝高 10.5 米,坝顶长 560 米,顶高程 66 米,坝顶建防浪墙长 489 米,高 1 米;副坝一座,坝型为均匀土质坝,坝顶长 400 米,顶高程 66 米,顶宽 4 米,最大坝高 7 米;拦截木渠沟流域面积(汉江支流木渠沟)45 平方千米;总库容 2073 万立方米,有效库容 1082 万立方米,滞洪库容 806 万立方米,死库容 18 万立方米;溢洪道位于大坝西端,开敞式宽顶堰,堰顶净宽 41 米,堰顶高程 62.9 米,最大泄流量 226 立方米每秒;输水管 2 座,南高剅输水管位于大坝东端,圆形有压涵管内径 1.3 米,管长 50 米,底高程 56.3 米,最大输水流量 5 立方米每秒;北低剅输水管位于副坝西端,方形有压涵管内径 1×1.3 米,管长 33 米,最大输水流量 2 立方米每秒;干渠 2 条:南干渠自宜城城关腊树村至郑集镇郝集全长 16.1 千米,底宽 3 米,纵坡比降四千分之一,输水流量 5 立方米每秒;北干渠自城关至窑湾长 3.5 千米,底宽 2 米,纵坡比降四千分之一,输水流量 3 立方米每秒。该库有效灌溉面积达 2.5 万亩。

工程类别及名称	具体描述
邬家冲水库	位于宜城城区南 3 千米处。坝址坐落于 207 国道左侧邬家冲谷口。其下游系汉江冲积平原，上游为汉江二级阶地（平岗），均系长渠灌区。下游因地势较低，遇阴雨即出现渍涝。为使灌区摆脱渍涝灾害的威胁，1956 年 10 月，国家投资 4.5 万元，宜城县组织郑集区郑集乡、茅草乡 2000 余劳力动工兴建，至次年 5 月竣工。水库建成后，由陶家塔支渠直接引长渠水灌库，年灌库 2 至 4 次。该库大坝系均质土坝，最大坝高 8 米，坝顶长 270 米（含副坝），坝面宽 6 米，坝顶高程 65.2 米；拦截流域面积 5.3 平方公里；总库容 260 万立方米，有效库容 165 万立方米，滞洪库容 88 万立方米，死库容 7 万立方米；溢洪道一座，位于大坝北端，宽 16 米，底高程 63.2 米，最大泄洪流量 277 立方米每秒；输水水管一座，方形钢筋混凝土管内径 0.7×0.8 米，底高程 58.3 米，最大输水流量 4.6 立方米每秒；干渠一条，自邬家冲至长湖全长 15 千米，底宽 2 米，纵坡比降三千分之一，通水流量 1.5 立方米每秒，有效灌溉面积 5000 亩。
武垱湖水库	位于宜城郑集镇小胡岗，坝址坐落于易家岗。库区原是一片湖地（古时湖泊），下游系汉江、蛮河之间冲积平原，系长渠尾水灌区。为增强灌区用水保障，1957 年 10 月，国家投资 1.41 万元，受益单位自筹 0.58 万元，宜城县组织璞河区璞河乡、岛口乡千余劳力动工兴建，次年 1 月竣工。水库建成后，由长渠干渠武垱湖进水闸直接输水灌库，年补充水源 4 至 5 次。该库大坝为均质土坝，最大坝高 5 米，坝顶长 294 米，坝面宽 5 米，坝顶高程 55.7 米；拦截流域面积 6 平方千米；总库容 214 万立方米，有效库容 113 万立方米，滞洪库容 5.4 万立方米，死库容 1.6 万立方米；溢洪道（钢筋混凝土泄洪闸）一座，位于大坝西端，宽 3 米，底高程 53.33 米，最大泄洪流量 9.6 立方米每秒；拱形混凝土输水涵管一座，管内径 0.8 米，底高程 51.30 米，最大输水流量 1 立方米每秒；干渠一条，自江坡至王州长 6.9 千米，底宽 1.5 米，纵坡比降三千分之一，最大过水流量 1.5 立方米每秒，有效灌溉面积 5000 亩。

工程类别及名称	具体描述
胡岗水库	位于宜城郑集镇胡家岗，坝址坐落于江坡与下湖淌之间冲口处。库区原是一片平地，下游系汉、蛮之间冲积平原，均系长渠灌区。为提高灌区用水保障，1959年11月，国家投资2.4万元，宜城县组织璞河乡、胡岗乡2000余劳力动工兴建，次年5月竣工。水库建成后，由12支渠引长渠水灌库，年补充水源3至4次。该库大坝系均质土坝，最大坝高7.9米，坝顶长1850米，坝面宽7米，坝顶高程57.90米；拦截流域面积1.1平方千米；总库容518万立方米，有效库容500万立方米，无滞洪库容；拱形有压混凝土输水管一座，管内径1.2米，底高程51.80米，管长47米，最大输水流量6.5立方米每秒；干渠一条，自下湖淌至璞河垴长7千米，底宽2米，纵坡比降三千分之一，过水流量2.5立方米每秒，有效灌溉面积5500亩。
小（2）型水库	长渠灌区受益社队自办，管理处和有关水利部门辅以技术指导，已建成蓄水100万立方米以下的小（2）型水库6座。建成后，每年大都由长渠补充水源1—2次。
堰塘	扩建2161口

修复后的长渠全部工程，分为渠首工程、渠道工程和附属建筑物工程三部分。

渠首工程：按设计内容完成，兴建溢流重力式拦河坝一座，长120米，高2.7米，底宽16.6米（横断面）；拦截承雨面积1351.5平方千米；双孔进水闸一座；双孔冲沙闸一座；溢洪闸一座；护岸3处，涵管7处，围堤一道。

干渠：自谢家台起经武安镇、红瓦屋、郭家坑子、王家墩、鲍王营、八卦庙、黎家岗、段旗营、槐树井、尾水入赤湖，至郭海营入汉江，全长47.6千米。按设计断面完成，渠道底宽5.5米，渠尾段底宽2.7米。纵坡比降：0+000至30+400桩号处为五千分之一，30+400桩号以下为四千分之一。建节制闸七处，分别坐落于：

石头沟（8+129 桩号）；郭家祠堂（14+697 桩号）；高坑（21+945 桩号）；雷家营（23+921 桩号）；叉湖垱（27+501 桩号）；官沟（37+462 桩号）；槐营（41+111 桩号）。

支渠 18 条：刘家河支渠长 1.1 千米，一支渠长 0.5 千米，二支渠长 4.5 千米，三支渠长 5.11 千米，四支渠长 4.4 千米，五支渠长长 5 千米，六支渠长 4.3 千米，方家岗支渠长 4.4 千米，七支渠长 4 千米，八支渠长 4.5 千米，九支渠长 4.1 千米，十支渠长 4.3 千米，十一支渠长 3.3 千米，十二支渠长 4.6 千米，十三支渠长 2.4 千米，十四支渠长 0.8 千米，十五支渠长 5.5 千米，十六支渠长 1.1 千米。

干渠附属建筑物 126 处：倒虹管 2 座（石头沟、大沟），渡槽 2 座（安乐堰、陡沟），木渡槽 23 座，干渠节制闸 3 座，分干渠节制闸 3 座，公路桥 2 座，大路桥 42 座，人行便桥 23 座，涵洞 5 座，泄水闸 1 座，分水闸 12 座，溢洪道 1 处，跌水 2 处，小沟入渠 2 处，斗门 3 个。

支渠附属建筑物 263 处：斗门 175 个，涵洞 17 座，公路桥 2 座，大路桥 49 座，跌水 2 处，竹涵管 7 处，陡坡 3 处，渡槽 7 处，分水闸 1 座。

1953 年长渠修复竣工后，长渠管理处运用古长渠"陂渠串连"水利形式的灌溉优势，先后组织灌区受益社队兴建中型水库 1 座、小（1）型水库 3 座、小（2）型水库 6 座，改建、扩建堰塘 2161 口。

1954 年 4 月 3 日，湖北省水利局以〔1954〕管字第 2729 号文指示长渠管理处应积极准备开展灌溉试验的试点工作。次年湖北省第一个灌溉试验站——长渠灌溉试验站建成，开展试验观测

工作。

长渠因拦、引蛮河自然径流，输水流量不正常，少雨天旱年份引水少，多雨丰水年洪水肆虐。为使长渠正常引水，提高灌溉效益，1958年选定在南漳县城西2千米九龙山脚下建三道河水库。工程于1958年9月动工，1964年基本完成，开始蓄水，1966年7月全部竣工。

长渠修复继续沿用古渠的"陂渠串连"水利形式的灌溉优势，兴修结瓜水库。1967年11月21日，灌区邬家冲小（1）型水库动工兴建，次年5月完工。1957年10月，宜城县组织劳力动工兴建灌区武垱湖小（1）型水库，次年1月竣工。1957年11月宜城县投入7000余劳力动工兴建长渠灌区鲤鱼桥（中型）水库，次年1月27日枢纽工程竣工。1959年11月，宜城县组织劳力动工兴建胡岗小（1）型水库，次年5月完工。

图2-14　长渠渠首及渠道图

1960年冬兴起的干渠长40千米扩宽任务至1964年底完成，干渠通水流量由原设计10立方米每秒增加到24立方米每秒。

1970 年岁修工程，将干渠引水流量由 24 立方米每秒增至 35 立方米每秒。1980 年，在原进水闸址增建 3 孔钢筋混凝土进水闸，进水闸由原 2 孔改为 5 孔，长渠干渠引水流量增至 43 立方米每秒。1999 年开展续建配套与节水改造工程。

　　长渠复修后，不断加强工程管理，多次进行维修、扩建、配套与挖潜，从复修初的设计过水流量 10 立方米每秒、8.1 万亩灌溉面积逐渐发展为设计过水流量 43 立方米每秒、30.3 万亩灌溉面积的大型灌区。

　　堰塘，古时称"陂"。长渠未修复前，堰塘是灌区农田灌溉主要蓄水设施。1953 年，灌区内有堰塘 1050 口。长渠修复之后，20 世纪 50 年代末、60 年代初，管理处为提高灌区农田用水保障，在大力发展"长渠西瓜秧式自流灌溉网"的建设中，组织灌区社队普遍开展加库、加塘。堰塘成为长渠灌溉系统中的"瓜"。堰塘数量增长速度较快。1954 年为 2671 口，1958 年达 4252 口。灌区社队利用堰塘闲时（非灌溉季节）引长渠水灌塘，忙时，视灌溉用水情况，开放一个或几个堰塘，集中水源灌溉农田。农民从中获益，且体会较深。当时曾流传这样一段顺口溜："修渠不修堰，放水一条线；渠道断水流，干旱一大片。"20 世纪 60 年代，灌区堰塘数量逐步增长。1960 年堰塘 5457 口，1963 年 5786 口，1966 年达 5882 口。20 世纪 70 年代初，灌区开展园田化建设，据农田基本建设中对渠系改建和新增道路的需要，废弃近三分之一的堰塘。与此同时，也曾出现部分社队干部对堰塘作用认识"退坡"的现象，认为长渠渠首上游兴建了三道河水库，长渠引水水源趋于正常，便盲目废弃堰塘。1974 年堰塘减至 3154 口。1975 年 5 月，长渠管理处组织调查组调查长渠灌区废毁堰塘情况，形成了《长渠灌区要多"结瓜"，不要"摘瓜"》的专题调查报告，分送宜城、南漳县委、县革命委员会，对废毁堰塘现象起到一定的抑制作用。1977 年灌区堰塘有 2902 口，1978 年 2892 口，1979 年后稳定在 2161 口。

2002 年，长渠灌区 2161 口堰塘分布状况：武东 150 口，小河镇 492 口，朱市镇 137 口，雷河镇 306 口，龙头办事处 180 口，城关镇 8 口，原种场 25 口，郑集镇 493 口，璞河镇 370 口。总蓄水能力 655.65 万立方米。

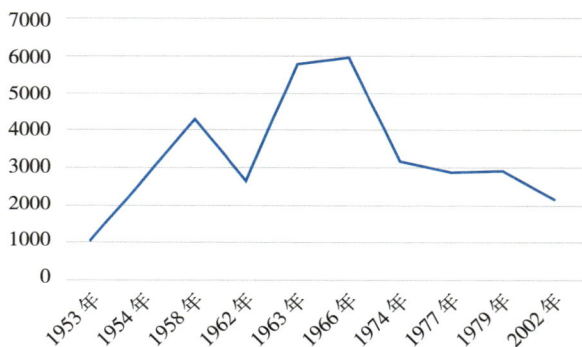

图 2-15　长渠堰塘数量变化图

三、长渠现状

如今长渠灌区仍作为重要产地为襄阳市乃至湖北省提供大量粮棉油，并且被作为重点区域之一大力发展农业经济，在襄宜平原仍发挥着重要的作用。

长渠灌区紧贴汉江、蛮河。汉江自北向南流经灌区东部边缘，长 59 千米；蛮河自西北向东南流经灌区西部边缘，长 63 千米。长渠依赖引蛮河径流自流灌溉，特大干旱年份，灌区受益单位则从汉江及蛮河提水，补充长渠水源。

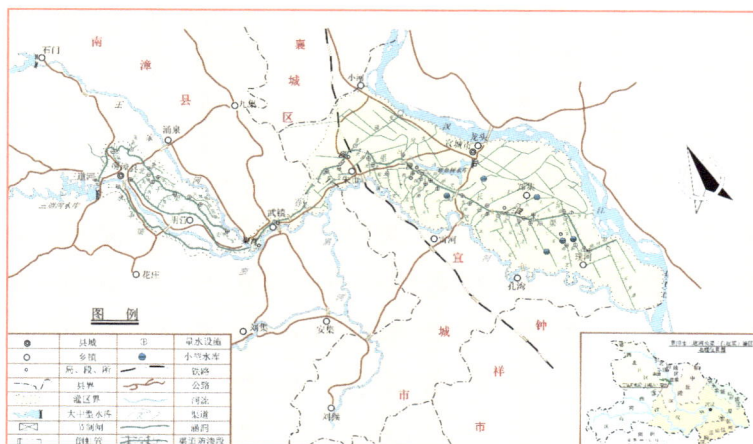

图 2-16　长渠灌区工程布置图

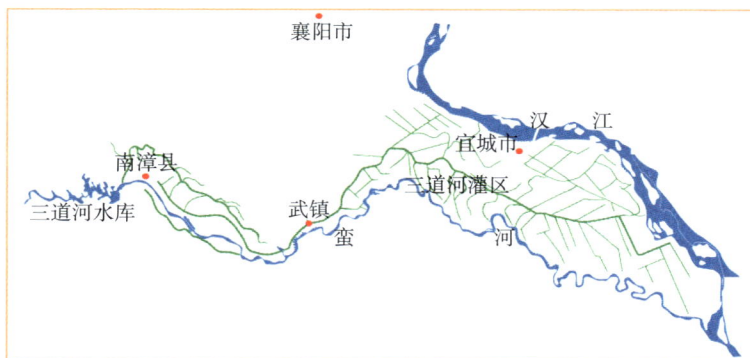

图 2-17　长渠水系图

　　自 1957 年有历史记载开始，灌区几乎每年都有不同程度的旱象发生，四季都有可能发生，"百日就遇旱，年年有旱情"。灌区处于蛮河和汉江交汇的三角地带，遇流域上游或灌区普降大到暴雨，极易发生山洪灾害。1957 年至 1985 年的 28 年中，有 13 个年份受灾。发生在长渠灌区的山洪灾害破坏性较大，且具有洪灾过后遇旱灾，旱灾之后又洪灾交替发生的特点。

　　灌区水资源从总体上看，基本可满足农业及国民经济其他部门用水需要。但是，水资源时空分布不均，年际变化大，现有水利工程调蓄能力未完全发挥，因而旱、洪灾害时有发生。

长渠灌区灌溉来水主要有三道河水库、灌区大中小型水库及堰塘。长渠灌区水量供需平衡情况：灌区多年平均来水量 41609 万立方米，平水年份来水总量 26287 万立方米，平水年份需水总量 20981 万立方米，富余水量 5306 万立方米。

灌区有地表径流 6.14 亿立方米，1949 年后通过各种水利工程已开发利用 3.44 亿立方米，其中兴建三道河水库已利用 3.06 亿立方米，兴建中小型水库 10 座〔中型 1 座、小（1）型 3 座、小（2）型 6 座〕，多年平均径流量 0.28 亿立方米，灌区 2161 口堰塘容量 0.097 亿立方米。

长渠主要水源为三道河水库，三道河水库是一座以灌溉为主，兼有防洪、发电、水产养殖、城镇供水等作用的大（2）型水库，总库容 1.546 亿立方米，承雨面积 780 平方千米，灌溉兴利库容 1.27 亿立方米。

长渠灌区水量使用上，在有塘堰和小型水库的地区首先使用塘堰和小型水库水源，无小型水库与塘堰工程水源，使用三道河水库水源。鲤鱼桥水库控制的灌区，首先使用小型水源工程供水，而后利用鲤鱼桥水库水源作为补充。由于长渠灌区属丘陵灌区，且渠道线路较长，汉江、蛮河沿岸及尾水灌区，短时间内供水不及时，可采取提取汉江、蛮河和地下水加以补充，满足不同年份的各种灌水需要。

长渠的结瓜水源是运用古渠的"陂渠串连"水利灌溉优势，将非灌溉期间的多余来水引至结瓜水库进行充库，提高水源利用率，缓解灌溉用水压力。结瓜水库有中型水库 1 座、小型水库 14

座，总库容 0.3757 亿立方米，兴利库容 0.2147 亿立方米。结瓜塘堰 2161 处，总有效容积 0.097 亿立方米。

图 2-18　长渠灌区

第四节　工程与灌溉管理

完善的水利管理制度是长渠灌溉农业持续发展运用的保障。长渠水利管理采用官方和民间结合的管理模式，在其历史发展过程中，相关岁修制度和用水管理、经费管理等规章制度逐步完善，有的延续保留至今，是灌溉工程可持续管理的典范。

至迟在 11 世纪末长渠就有了行之有效的用水管理技术和制度保障。北宋宜城县令孙永不仅重修了工程，还建立了灌区民间自治、政府督导的管理制度："立约束，均水利，井井有序。"长渠采取的"分时轮灌"制度是水利工程管理方法上的创新之举，一直沿用至今并得到了革新发展。主要做法是：把灌区划分为 4 个区域，自上而下分时轮灌，干支渠设有几十个"水门"，供水时就近抬高水位，直接灌溉。具体方法是：以 9 天（216 小时）为一轮：

第一段节制闸以上供水 48 小时，第二段节制闸以上供水 56 小时，第三段节制闸以上供水 50 小时，第四段节制闸以上供水 54 小时，再留出 8 小时机动时间用于维护和检修。

12 世纪时，汉江中游襄阳一带成为南宋与蒙古对峙的要地。出于军事屯田的需要，南宋中央政府对襄宜灌区灌溉工程的修治和管理极其重视，皇帝多次亲自下诏修整，政府与军队共同管理这一区域的灌溉工程。灌区在这一时期工程体系更加完善，渠道与陂塘相连，沟洫密布，襄宜平原成为"沃土如膏腴土肥，百里岁岁无凶菑"的特殊经济区。

13 世纪至 20 世纪初，长渠一直沿用官方与民间自治结合的管理体系。地方乡绅在地方水利事务中积极发挥作用。

长渠水利工程自修复以来，充分发挥出了水利兴利除害作用，对抵御旱涝灾害，确保灌区粮食生产安全，实现农业增产、农民增收发挥了重要作用，取得了巨大的经济、社会、生态环境效益。主灌区宜城市被称为农业"小胖子"县，是全国第一批吨粮田、全国 484 个优质粮工程县（市）之一，也为襄阳市成为长江流域第一个粮食总产过百亿斤的粮食大市做出了突出贡献。

目前长渠由襄阳市三道河水电工程管理局管理，继承发展并创新制定了蓄、引、提结合供水、分时轮灌、合理配置、蓄节并重、民主管理、多元投资建设的管理办法。

为破解农业灌溉难和水费计收难的问题，长渠管理处在与灌区各级政府沟通基础上，制定出台了《灌溉管理办法》，取得了显著成效。主要做法：一是实行专业管理与群众管理相结合。组建灌区管理委员会，由长渠管理处、南宜两县（市）人民政府、灌区各乡镇（场）和受益村组选派人员参加，参与灌区日常管理和

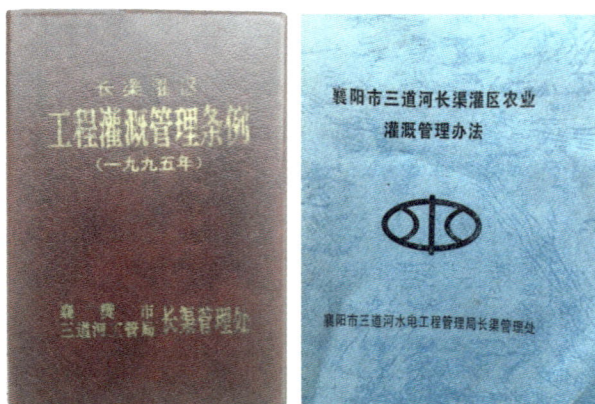

图 2-19 长渠管理文件

水费计量。二是合理配水。灌区配水实行分段轮灌制，力求做到高渠高田有水抽，低渠低田能自流，上下游统筹兼顾，全灌区实现"一盘棋"。三是科学调度。合理确定各地用水时间，根据各乡镇（场）水稻生长情况做适时调整，错开用水高峰，确保各地灌溉用水需求。四是提高服务质量。严格按照"人随水走，专人守闸，挂牌上岗，责任到人"的要求搞好灌溉管理，并对管水职工实行百分制量化考核，工效挂钩。2017 年，"大整大插"从 5 月 26 日开始至 6 月 8 日结束，仅用 13 天时间，其间未出现任何矛盾。灌溉秩序、灌溉质量受到了灌区各级组织和群众的一致好评。

第三章　长渠遗产体系及价值阐释

长渠是我国南方最具代表性的"长藤结瓜"式水利工程，也是新中国成立后湖北省修复的首个大型水利灌溉工程。"大、中、小"水库相配套，"蓄、引、提"和"分时轮灌"技术相结合的"长藤结瓜"式水利工程系统是古代人民智慧的结晶。

第一节　工程遗产构成

长渠灌溉工程体系由三部分组成：渠首枢纽、渠道工程、调蓄工程（图3-1）。

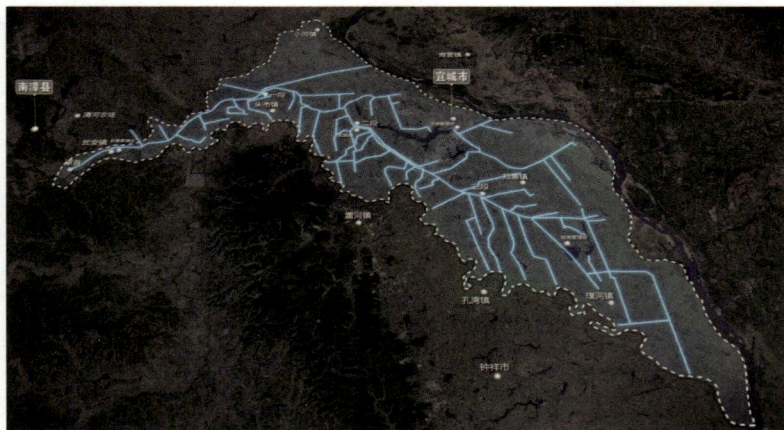

图3-1　长渠灌溉工程体系

一、渠首枢纽

长渠渠首工程位于南漳县武安镇附近蛮河主流与支流清凉河汇合处，为低坝侧向引水，坝长 120 米，高 3.4 米（图 3-2、图 3-3），由 1 座拦河坝、5 孔进水闸和 2 孔冲沙闸组成，进水闸和冲沙闸上部分别建有启闭机房。

图 3-2　长渠渠首工程（20 世纪 50 年代）　图 3-3　长渠渠首拦河坝（2018 年）

渠首工程系在河道上筑坝引水，于 1951 年动工兴建。在蛮河上建拦河溢流主坝，坝长 120 米，坝高 3.4 米，坝顶高程 72.9 米；1953 年建进水闸 2 孔，每孔高 2.2 米，宽 2.5 米，过水断面为 11 平方米，设计引水流量 10.2 立方米每秒；1958 年将进水闸胸墙下缘每孔凿宽 0.7 米，增加过水断面 3.5 平方米，增加输水量 3.15 立方米每秒，设计过水流量达 13 立方米每秒；1978 年，增建 3 孔进水闸，宽 3 米，高 2.9 米，扩大进水能力 30 立方米每秒，加上原设计两孔 13 立方米每秒，总进水能力达 43 立方米每秒；进水闸底高程为 70 米。建有冲沙闸 2 孔，孔高 3.42 米，平面钢板闸门，宽均为 2.5 米，闸底高程 69.5 米。另建有副坝两座，一副坝为浆砌块石宽顶堰型式，坝长 87 米，坝顶高程 72.8 米；二副坝为砼溢流堰，坝长 120 米，坝顶高程 73.5 米。最大泄流量可达 3530 立方米每秒。建有防洪堤两道，一道防洪堤长 717 米，堤顶高程 74 米，保护耕地 571 亩；二道防洪堤长 560 米，堤顶高程 75.5 米，保护耕地 1350 亩。

二、渠道工程

干渠全长 49.25 千米，按管理范围划分从上到下依次为渠首（图 3-4）、一段、二段、三段。长渠干渠最大过流流量 43 立方米每秒。自谢家台起，经武安镇、红瓦屋、郭家坑子、王家墩、鲍王营、八卦庙、黎家岗、段旗营、槐树井、尾水入赤湖，至郭海营入汉水。

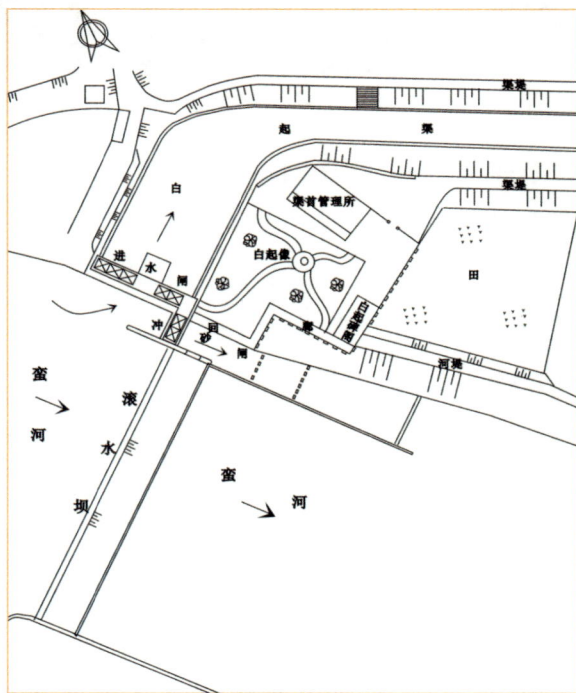

图 3-4 长渠渠首工程平面布置图（20 世纪 50 年代）

支渠共 34 条，长 221.8 千米。渠系由干、支、斗、农四级渠道组成，连接灌溉区域内的水库、堰塘，构成"长藤结瓜"的灌溉模式。

图 3-5　长渠干渠（20 世纪 80 年代）

木渠由于湮废甚久，其故道上游已不可见。现在所能见到的是从朱市黄集，中经鲤鱼桥水库、邬家冲水库，穿古鲤鱼桥、朱栏桥、苏湖驿站桥至黄家沟口入汉江的一段。1977 年，宜城动工兴建了宜城栏杆桥至岛口排水大沟，大沟于苏家驿站接木渠故道。今天，苏湖驿站桥以南木渠故道已变成宜城南排渍的主要渠道。

修复前

修复中

修复后

图 3-6　长渠干渠修复图（20 世纪 80 年代）

图 3-7　长渠灌区（2020 年）

图 3-8　长渠干渠（2020 年）

| 一段高康紫薇园段干渠 | 二段节制闸上游干渠 | 三段干渠 |

图 3-9 长渠部分渠段

三、调蓄工程

目前长渠主水源为三道河水库，渠道流经之处，沿线串起了大量的水库和堰塘。目前灌区共有鲤鱼桥水库、邬家冲水库、武垱湖水库、胡岗水库、联盟水库、吴家冲水库、金家湾水库、杨大沟水库、肖家冲水库、蒋湾水库等 15 座中小型结瓜水库以及 2161 口堰塘。

水库与长渠以沟渠相连，有闸门控制，渠系建筑物有水闸、涵洞、渡槽等。共有闸门 499 座；渡槽 39 座，782 米；涵洞 518 座，2515 米；倒虹吸 3 座，107 米；滚水坝 1 座。

长渠上建有节制闸、分水闸、泄洪闸、冲沙闸和斗门等多种闸门。长渠的高处田块灌溉除修建泵站，还沿用古渠智慧——水门。《大元大一统志》记载"（陈）表臣起水门四十有六"，古时水门相当于现在的斗门和节制闸，用以控制流向、抬高水位、调节流量。长渠上建有一段、二段、三段等节制闸，保证了高处田地所需流量并能自流。

长渠横跨南、宜两县市，覆盖范围广，除担负灌溉任务，还要兼顾暴雨泄洪的要求。根据泄洪要求，长渠上修建有石头沟、大沟、罗家坡等泄洪闸。在洪水来临前关闭进水闸，打开泄洪闸，保障灌区行洪安全。

　　长渠上每一条灌渠灌溉面积都不同，需水量也不同。要将长渠的水按一定比例分到每条支渠上，就需要用分水闸来控制。长渠上建有三支渠、岗支渠、幸福支渠、白庙支渠等分水闸。

图 3-10　长渠二段节制闸

图 3-11　长渠三段节制闸

图 3-12　长渠石头沟渡槽

图 3-13　长渠安乐堰段
（反映长藤结瓜灌溉模式）

第二节　相关文化遗产

　　除了工程遗产外，长渠还有很多文化遗存，包括灌区附近保留的祭祀纪念场所、与水事活动相关的碑刻和文献记载等，它们见证了长渠的历史，与工程遗产共同构成了灌区特有的文化景观。

一、长渠相关历史人物

　　两千年来长渠灌溉工程的持续运用，使襄阳成为天下膏腴之地，并孕育了丰厚的地域文化。长渠兴建的过程中，也涌现出了一大批著名的历史人物。

白　起

　　战国时期秦国眉（今陕西眉县东）人（一说是楚国白公胜后裔，楚人）。白起攻楚鄢郢，时在公元前279年（秦昭王二十八年、楚顷襄王二十一年）。此次战役历时三年之久，是一次有计划、有组织的大规模围歼战，是秦国大将军司马错"得楚，则天下并矣"的战略主张的具体实施。战国时期，楚国是南方的第一大国。战国后期虽日趋衰弱，但军民众多，国力尚强。秦国想一举而灭楚，实在难以得逞。因此，秦国采取逐步蚕食，兵分两路，进攻楚国。

　　公元前280年，秦国组建了以司马错为帅的南路军和以白起为帅的北路军开始向楚国进攻。以白起为帅的北路军，于公元前279年走武关出秦国境，进攻楚国，楚军一触即溃。连克汉北楚境

图3-14　白起雕像

五城之后，白起率军直奔楚国鄢郢（今宜城楚皇城）而来。因鄢郢有楚国主力、重兵把守，秦军久攻不下。白起认真审视楚鄢郢周围地理环境之后，改变战术，取以水代兵之术攻鄢

郢。他命令士兵在今武安镇以西的蛮河上用竹篾篓装石填土，筑坝围堰，抬高水位。同时，开沟挖渠，将水引至鄢城以西陂塘里蓄积起来，欲让水汇成滔滔之势。白起这一准备工作用了近半年的时间。准备工作就绪之后，白起将蓄满水的陂塘统一决口，与源源不断的渠水汇合，水从几面多方，居高临下，冲溃了鄢城西城墙，又冲决东城墙，城内淹死的数十万军民随水漂流，"城东皆臭"。白起以极小代价攻占了楚鄢郢，秦昭王封白起为"武安君"。战事结束后，白起率众所筑之堰，后人称之"武安堰"；所开之渠，称之"白起渠"。

郦道元

郦道元，字善长，北魏范阳涿县（今河北涿州）人。生于公元466年（一说472年）。北魏地理学家、散文家。郦道元在《水经注》中记：夷水，"昔白起攻楚，引西山长谷水，即是水也。旧堨去城百里许，水从城西灌城东，入注为渊，今熨斗陂是也。……后人因其渠流，以结陂田城西，陂，谓之新陂，覆地数十顷。西北又为土门陂。从平路渠以北，木栏桥以南，西极土门山，东跨大道，水流周通。……其水又东出城，东注臭池，臭池溉田。陂水散流，又入朱湖陂。朱湖陂亦下灌诸田，余水又下入

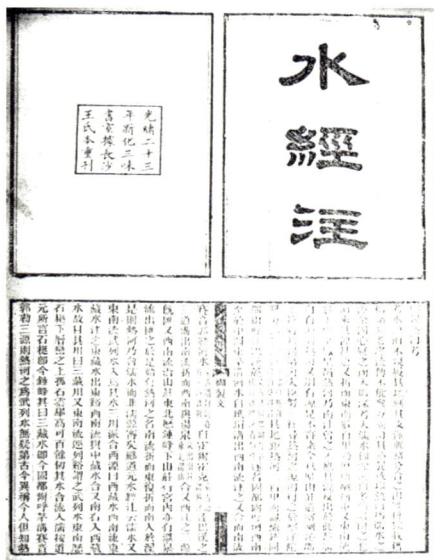

图3-15 郦道元所著《水经注》

木里沟"。1979年水利电力出版社出版的《中国水利史稿》，明确指出：据此记载，"可见北魏以前（长渠）灌区陂塘串联的形势。虽然最初未必就是这样的，但从当地地形水系特点分析，当时渠道串联一些陂塘，是完全可能的"。

梁崇义

梁崇义（？—781年），唐朝长安人。广德元年（公元763年）"安史之乱"平息，梁崇义任山南东道节度使，驻守襄阳。为筹措军粮，于大历四年（公元769年）主持修治长渠。

梁崇义主持修治长渠，是古籍中记载修治长渠最早的一次。元何文渊《重修武安灵溪堰记》称："唐大历四年己酉，节度使梁崇义尚修之，乃建祠宇。" 梁崇义此次修复武安堰，并在堰旁的武安镇修建了纪念性的建筑——武安镇白马庙，庙前供奉白起塑像。武安堰复修后，唐朝诗人胡曾以其首次修复有功，赋诗云："武安南伐勒齐兵，疏凿功将夏禹并，谁谓长渠千载后，蛮流犹入在宜城。"予以高度评价。

孙　永

孙永，又名孙况，字曼叔。生卒年不详，宋朝长社（今河南长葛县东北）人。10岁而孤，自幼聪慧，随其祖父成人，赐进士出身。宋至和元年（公元1054年）、二年（公元1055年）为宜城县令。至和二年，因长渠淤塞年久未予疏治，宜城大旱，境内田地干裂，"饮者无所取"。孙永遂率渠旁之田业主，对长渠进行修治。此次修治，修复加固了武安堰，按长渠原来故道疏淤塞之处，"自二月丙午始作，三月癸未而毕"，历时一个多月，"理渠之坏塞，而去其浅溢，遂完固堨，使水还渠中"，最后"使并渠之民，足食而甘饮，其余粟散于四方"。

孙永此次主持修治长渠，较之以前的修治要认真完善得多。他不仅率民众修复堤堰，清除渠中的淤塞物，还制定了一套蓄水、用水、放水的管理制度，"时其蓄泄，而止其侵争，民皆以为宜也"。

宋熙宁六年（公元 1073 年），王安石变法，曾巩任襄州州官，巡视长、木灌区后，为孙永主持修长渠一事补写了《襄州宜城县长渠记》。是年，曾巩赴京，路过开封，拜访时任开封府知府的孙永。孙永向曾巩询问长渠状况，并问及他离开宜城时制定的一套管理制度是否还在沿用。曾巩回答："民皆以为贤君之约束，相与守之，传数十年如其初也。"熙宁十一年（公元 1078 年），孙永由开封调往汝阳，上任前，又写信给宜城县令："是秋大旱独长渠之田无害也，夫宜知其山川民之害者，皆为州者之任。"告诫宜城县令，牢记农田灌溉与防治水患是地方官的责任。

朱　纮

朱纮，宋朝沘川人。生卒年不详，宋英宗治平二年（公元 1065 年）至神宗熙宁二年（公元 1069 年）为宜城县令。

朱纮在宜城任知县 4 年，曾两次修治木渠，并将木渠与长渠相接，把长渠水源引入木渠，使木渠灌区与长渠灌区形成一个灌溉系统。

第一次修治，时在治平三年（公元 1066 年）。郑獬（宋神宗时翰林学士，时任开封知府）著《襄州宜城县木渠记》载："治平二年，沘川朱君为宜城令。治邑之明年，按渠之故道，欲再凿之。曰：'此令事也，安得不力？即募民治之。凡渠所渐及之家，

悉出以授功，投锸奋杵，呼跃而从之，惟恐不及。公家无束薪斗粟之费，不三月，而数百岁已坏之迹，戾俄而复完矣。其功盖起于灵堤之北，筑堰，障渠而东行，蛮鄢二水循循而并来，南贯于长渠，东彻青泥间。附渠之两埃，通旧陂四十九，渺然相属如联鉴。高畜（蓄）下泄：其所治田，与王宠时数相若也。余泽之所及，浸淫中庐、南漳二邑之远。"此次修治，历时80多天，使木渠达到相当大的规模，因与长渠相接，引来长渠水源，长、木二渠灌溉面积达到"六千顷"。

第二次修治，时在熙宁元年（公元1068年）。

朱纮两次主持修治木渠，都是发动渠旁民众自出劳力，不费公家束薪斗粟。由于修治的目的是灌溉农田，故能得到民众的拥护，"乐而趋之"。

当年在朝任参知政事的欧阳修见到郑獬所写《木渠记》后，即在上面题诗，盛赞朱纮的功绩。诗云："因民之利无难为，使民以说民忘疲，乐哉朱君障灵堤，导鄢及蛮兴众陂。古溪废久人莫知，朱君三月而复之，沃土如膏瘠土肥，百里岁岁无凶菑，鄢蛮之水流不止，襄人思君无时已。"《宋史·食货志》记："朱纮任襄州宜城令，复修木渠溉田六千顷，诏迁一官。"朱纮因修木渠之功而官升一级。

汪 澈

汪澈（公元1109—1171年），字明远，宋朝饶州浮梁（今江西浮梁）人。赐进士出身，初任秘书正字、校书郎。

12世纪上半叶，我国东北的女真族兴起，建立了金朝。金军南下，于公元1127年掳走宋朝皇帝钦徽二宗（史称"靖康之乱"）。

南宋绍兴三年（公元 1133 年），伪齐刘豫勾结金军占领襄汉六郡，长木灌区受到较大破坏，二渠同时湮废。岳飞收复六郡后，金军罢兵求和。孝宗即位，视襄阳为国防重镇，召汪澈为参知政事，督视荆、襄。汪澈视察荆、襄后，向皇上进言，请求修复长渠。《宋会要辑稿》载："绍兴三十二年（公元 1162 年），参知政事督视湖北、京西路军马汪澈言襄阳有二渠，一曰长渠，一曰木渠，皆古来水利播殖去处。大约长渠灌田七千顷，木渠灌田三千顷。其间陂池灌浸，脉络交通，土皆膏腴。自兵火后，悉已湮废。当差委湖北通判吕擢、京西运判姚岳亲至其地计度。今且先治长渠，凡筑堰开渠，可用二万工，并合要牛具、种粮等，就委两路运司措置，不令丝毫扰民。长渠才成，或募民之在边者，或取军中之老弱者，杂耕其中。来秋谷熟，量度收租，以充军储，既省馈运，又可安集流亡。"孝宗隆兴元年（公元 1163 年），汪澈所奏修复长渠一事，皇上照准。汪澈即以参知政事（副宰相）兼战区督视身份，主持对长渠进行修治。

这次长渠大修用了两万个工，开支十余万贯，除长渠大修外，对木渠也进行了局部修治。渠通后设 38 屯从事屯垦，年收谷七十万斛，约合今 3960 万市斤。此次修治后的效益，《宋史·汪澈传》有载："孝宗即位，锐意恢复，……澈以参豫督军荆、襄。……澈请因古长渠筑堰，募闲民，汰冗卒杂耕，为度三十八屯，给种与牛，授庐舍，岁可登谷七十余万斛。"高宗赞曰："名士也，次第用之矣。"汪澈在任期间，"其自奉清约，虽贵犹布衣时"。年六十三卒，皇上赠金紫光禄大夫，谥号"庄敏"。有文集二十卷、奏议十二卷。

郑 獬

郑獬，字毅夫，宋代安陆（今湖北安陆）人。生于 1022 年。任开封知府时，慕宜城县令朱纮修治木渠、扩大长渠灌区之作，亲临襄宜平原巡视长、木二渠灌区，并写下了《襄州宜城县木渠记》，总结了长、木灌区水利特点："蛮沔二水循循而并来，南贯于长渠，东彻青泥间，附渠之两埃，通旧陂四十有九，渺然相属如联鉴。"此为我国水利史上首次记载长、木二渠联合的灌溉系统工程，给后人留下有益的启示。同时，他还赋诗表达了对发挥长、木二渠灌溉效益的内心喜悦和对灌区人民美好生活的祈祝。诗云："木渠远自西山来，下溉万顷民间田。谁谓一石泥数斗，直是万顷黄金钱。去年出谷借牛耕，今年买牛车连连。须知人力夺造化，膏雨不如山下泉。雷公不用苦震怒，且放乖龙闲处眠。安得木渠通万里，坐令四海成丰年。" 郑獬回府后，将其所写《木渠记》呈送时任朝廷副宰相的欧阳修，一为扩大长、木二渠影响，二为文人之间相互切磋。欧阳修亦赋诗赞颂长、木二渠灌溉效益及主持修复者的功绩。

曾 巩

曾巩，字子固，宋代南丰（今江西南丰）人，公元 1019 年生。

曾巩是一个务实的地方官。宋熙宁六年（公元 1073 年），他任襄州州官（知州），上任后的第一件事，就是巡视长、木灌区。当他得知"并渠之民足食而甘饮，其余粟散于四方"后，写下了《襄州宜城县长渠记》，其目的用他自己的话说："故予不得不书以告后之人，而又使之知夫作之所以始也。"

曾巩和欧阳修、郑獬都是宋代大文学家，他们的诗文使长、木二渠名传千古。曾巩于公元1083年病逝。

李 英

李英，字子贤，元代益都人，赐进士出身，生卒年不详。

南宋度宗咸淳三年（公元1267年），元世祖忽必烈派阿术攻襄阳，元军围攻襄阳五年，又在宜城境内击溃南宋援军。公元1273年攻破襄阳城时，长、木灌区归入元朝版图。这段时间，长、木二渠虽受兵燹破坏，灌溉之利尚未完全丧失。公元1278年屯田官刘汉英呈报了长、木二渠的情况，元朝廷把灌区划属大护国寺的固定产业，租课作为该寺院活动经费。20年后，改属提举司管辖，朝廷始筹划修治事宜。

公元1302年，时任元朝中政院同金（管理皇宫财物的官员）的李英，奉旨用国库款项招募民工修治武安、灵溪二堰，长、木二渠亦同时开工治理，并派大都（今北京）民匠总管尹井仁为副手，具体负责施工。

李英此次主持修复武安、灵溪二堰及长、木二渠，元代何文渊《重修武安灵溪堰记》记载较详："……我朝至元十年癸酉，既平襄汉，又六年（戊寅），屯田官刘汉英，其属丁思明、刘兴、黄汉臣等建议，图而上之，东抵江汉，北亦如之，南际安陆、荆门界，西则南漳白罗消溪也。有命作恒业，于大护国仁王寺，以为隆福宫焚修之资，官以提领岁课所入之租。大德三年己亥，改营提举司。逮六年壬申，中政院金李英奉旨出内府金，募民修筑。斩伐竹木，藁秸土石，立堤防，障横溃，完崩缺，瀹壅阏。心计手授，略无宁暇，是以不数月而告成……"。此次大修后，直到15世纪才渐次湮废。

杨文勋

杨文勋，黔江（今广西壮族自治区）人，生卒年不详。清光绪三十年至三十二年（公元 1904—1906 年）为宜城县知事。杨文勋握柄县治后，极力推行"管、卫、教、养"自强新政，注重改善生产条件，发展生产。宜城人宋瀛海撰《遵谕查勘车路记》称："已春权篆宜城，甫下车询民疾苦，咸以岁久为忧，问何故，皆言：宜邑东有莺水，南有赤湖，俱可疏凿以溉田，而不及长渠之利更大。长渠在县治西……年久湮塞，因多旱荒。"杨文勋知情后，上任当年，即带领县工农职业学堂师生勘测宜东莺河渠，同时筹划疏凿赤湖。当他得知嘉庆、咸丰年间曾两次议修长渠均遭武安镇商人恐断水妨商而严加阻挠未果的情况后，于光绪三十一年（公元 1905 年）冬，率名绅顶风冒雪，不辞劳瘁，先后两次亲临南漳，与南漳县令会商洽谈修复长渠。第一次与南漳县令商洽时，杨文勋为解武安镇商人断水妨碍商运忧虑，主动提出改变渠首位置，采取只闸清凉河，不闸蛮河的办法，以达既不影响商运，又可修渠之目的。而武安镇商人以"建闸渠坝，壅此水以水渠，恐滩干水浅，船何以行"为由而反对。回宜后，杨文勋又拟定出修一条自武安镇至小河的马车路，采取变通补偿的办法，再次去南漳会商，承诺先修路，再开渠。然而，武安镇商人又以嘉庆年间官府已断案不准再修长渠，又"数百年未开凿，并非急不可待"等理由，严加阻碍。

光绪三十二年（公元 1906 年）春，杨文勋调离宜城，他几番倡修长渠虽无果，但其为民之举，宜人记忆犹新。正如宋瀛海《遵谕查勘车路记》所言："公因兴利而拟开渠，因开渠而拟修路，匪特为本县计，且为邻县计，谓非实心任事，与民兴利者也""至今犹碑口称道勿衰"。

张自忠

张自忠（公元 1891—1940 年），字荩忱，山东临清人，抗日名将。1937 至 1940 年先后参与临沂保卫战、徐州会战、武汉会战、枣宜会战等。1940 年在襄阳与日军战斗中，不幸牺牲。

1939 年 6 月 29 日，时任第五战区第三十三集团军总司令的张自忠以"修复长渠，以重农田水利，增加生产"为案由，电告湖北省政府，吁请修复长渠，引起省政府重视。6 月 30 日，省政府主席兼建设厅长严立三以"鱼省建施电"回复表示同意。同时，将张自忠电报转告五区（襄阳）专署及南漳、宜城两县，"饬即酌办"。然而，宜城、南漳两县对张自忠修长渠的倡议，持两种截然不同的态度：宜城县积极查勘，呈报查勘情形，深表赞同；南漳公民代表郑东周等则以河水入渠，流量锐减，航运受阻，武镇商业受损，山水陡发，坝渠溃决，淹没武镇与谢家台等理由，极力反对。此时，武镇的富商大贾采取贿赂官府的办法，暗中派人给张自忠将军送去一箱银钱和贵重礼品，求张自忠收回吁请修复长渠的倡议，遭张自忠将军严词拒绝。7 月 15 日，张自忠将军派代表李树人（110 师副师长）、佟星五（兵站副主任）会同南、宜两县县长和襄阳专署所派技士吴典等在武镇会齐，沿长渠故道踏勘。月底，张自忠将军奉召赴重庆述职。1940 年 5 月 16 日壮烈殉国。

二、碑刻及文献资料

长渠 2000 多年的发展历史，遗留下来丰富的碑刻，这些碑文记载，是研究长渠历史区域发展史及中国水利史不可多得的珍贵资料，记载了各个历史时期，长渠的源流变迁，修治规模、内容、方法和治理后的效益，以及主治者的劳绩，从不同角度反映了当时社会政治、经济状况，以及工程的兴衰梗概。现有碑刻及相关文献摘录如下。

襄州宜城县长渠记

宋·曾巩

荆及康狼，楚之西山也。水出二山之间，东南而流，春秋之世曰"鄢水"，《左丘明传》：鲁桓公十有三年，楚屈瑕伐罗，及鄢，乱次以济是也。其后曰"夷水"，《水经》所谓汉水又南过宜城县东，夷水注之是也。又其后曰"蛮水"，郦道元所谓夷水避桓温父名，改曰"蛮水"是也。秦昭王二十八年，使白起将兵，攻楚，去鄢百里，立堨，壅是水为渠以灌鄢。鄢，楚都也，遂拔之。秦既得鄢，以为县。汉惠帝三年，改曰"宜城"。宋孝武帝永初元年，筑宜城之大堤为城，今县治是也。而更谓曰故城。鄢入秦，而白起所为渠，因不废。引郡水以灌田，田皆为沃壤，今长渠是也。

长渠至宋至和二年，久隳废不治，而田数苦旱，州饮者无所取。令孙永曼叔率民田渠下者，理渠之坏塞，而去其浅隘，遂完故堨，使水还渠中。自二月丙午始作，三月癸未而毕，田之受渠水者，皆复其旧。曼叔又与民为约束，时其蓄泄，而止其侵争，民皆以为宜也。

盖鄢水之出西山，初弃于无用，及白起资以祸楚，而后世顾赖其利。郦道元所谓溉田三千余顷，至今千有余年，而曼叔又举众力而复之，使并渠之民，足食而甘饮，其余粟散于四方。盖水出于西山诸谷者其源广，而流于东南者其势下，至今千有余年，而山川高下之形势无改，故曼叔得因其故迹，兴于既废。使水之源流，与地之高下，一有易于古，则曼叔虽力亦莫能复也。夫水莫大于四渎，而河盖数徙，失禹之故道，至于济水，又王莽时而绝，况于众流之细，其通塞岂得如常？而后世欲行水溉田者，往往务蹑古人之遗迹，不考夫山川形势古今之同异，故用力多而收功少，是亦其不思也欤？

初，曼叔之复此渠，白其事于知襄州事张环唐公。公听之不疑，沮止者不用，故曼叔能以有成。则渠之复，自夫二人者也。方二人者之有为，盖将任其职，非有求于世也。及其后言渠竭者蜂出，然其心盖或有求，故多诡而少实，独长渠之利较然，而二人者之志愈明也。

熙宁六年，余为襄州，过京师，曼叔时为开封，访余于东门，为余道长渠之事，而诿余以考其约束之废举。予至而问焉，民皆以谓贤君之约束，相与守之，传数十年如其初也。予为之定著令而上司农。八年，曼叔去开封，为汝阳，始以书告之。而是秋大旱，独长渠之田无害也。夫宜知其山川与民之利害者，皆为州者之任，故予不得不书以告后之人，而又使之知夫作之所以始也。曼叔今为尚书兵部郎中，龙图阁直学士。八月丁丑曾巩记。

襄州宜城县木渠记

宋·郑獬

木渠，襄沔旧记所谓木里沟者也，出于中庐之西山，拥鄢水走东南四十五里，径宜城之东北而入于沔。后汉王宠守南郡，复凿蛮水与之合，于是溉田六千顷，遂无饥岁。至曹魏时，夷王梅敷兄弟于其地，聚民万余家，据而食之，谓之祖中，故当时号祖中为天下膏腴，吴将朱然尝两提兵争其地，不得。其后，渠益废，老农辍耒而不得耕。治平二年，沘川朱君为宜城令，治邑之明年，按渠之故道，欲再凿之，曰："此令事也，安得不力？"即募民治之。凡渠所渐及之家，悉出以授功，投锸奋杵，呼跃而从之，惟恐不及。公家无束薪斗粟之费，不三月，而数百岁已坏之迹，庆俄而复完矣。其功盖起于灵堤之北，筑堰，障渠而东行，蛮沔二水循循而并来，南贯于长渠，东彻清泥间，附渠之两埃，通旧陂四十九，渺然相属如联鉴，高畜（蓄）下泄；其所治田，与王宠时数相若也。余泽之所及，浸淫中庐、南漳二邑之远。异时之耕者，穷力而耰之，不得槁苗则得秕穗，今见其苕然，嶷然皆秀而并实也。刈熟之日，囷窗莫容，则委而为露积，虽然此犹未足以见惠也。至于岁大旱，赤地焚裂而如赪，则木渠之田犹丰年也。于是民始知朱君之惠为深也，获而食之，曰："此吾朱令之食我也。"以其余发之于它邑，亦曰"此吾朱令之食汝也。"然而朱君之为是邑，才逾岁而去，经始之作，其美利未尽发，如其来者继绪之，则地可无遗，而襄沔之间厌食香稻矣，则将委积而有不及敛者矣，则将腐朽而燔烧之矣。夫如是，木渠之利尚可较邪！予既为之作记，且将才之于石，则又欲条其事，附于图志。王宠之下，庶乎。其后世复有修木渠之利者，于此又可考也已。朱君名纮，字某，嘉祐中登进士第。

请浚木渠奏疏

宋·蔡勘

略曰：江汉之间，荆襄之地，自古建立事功者，惟羊祜、杜预。稽之往牒，羊祜减戍逻之卒，垦田八百余顷，大获其利。祜之始至也，军无百日之粮，及其季年，乃有十年之积。杜预修召信臣渠，激用滍、湉诸水，浸原田万余顷，分疆立石，俾有定分，公私同利，众庶赖之，以是知古人经理其地，不过广屯田、修水利，二者最为急务，不特为固围之计，所以成辟国之功。南北既分，襄阳号为重镇，朝廷谋帅选将，殆今五六十年间，然而旷土未尽辟，水利未尽修，其故何也？襄阳之宜城有曰木渠，后汉王宠所凿，溉田六千余顷。至曹魏时，夷人聚万家据其地而食之，谓之柤中，当时号柤中为天下膏腴。吴将朱然争取之，不克。自是渠废，更八百八十余年。本朝治中，县令朱纮按故地而凿之，三月而成，溉田如古，郑獬记其事甚详。靖康之乱，渠始湮塞，逮今方五六十年。是渠也，延袤三百里，故迹宛然，所湮塞者，木眼山之旁，二三里而已，渠中之水，犹涓涓不绝，惟是山林蔽翳，人迹罕到，居民无力开凿，官吏无意兴修，是其所以殆废也。夫废于八百余年，而朱纮能凿之，不三月而成。湮于五十余年，岁月未久，浚导必易，工费必省，倘有人焉，出力任之，可不劳而办矣。

重修武安灵溪堰记

元·何文渊

堰以武安、灵溪名尚矣，考其地此故中庐县界。始秦将武安君白起攻楚，断鄢水灌城，拔之。鄢后改曰夷水，晋避桓温父彝嫌名，改曰蛮水，迄今称焉。堰因其故堨，则长渠之源也，溉田三千顷。唐大历四年己酉，节度使梁崇义尝修之，乃建祠宇。宋至和二年乙未，宜城令孙永理其之坏塞，俾复其旧，为民约束，时其蓄泄。南丰曾巩知襄阳，遂定著令，具为之记。绍熙改元庚戌，都统率公，淳祐十二年辛亥，荆湖制置李曾伯，两命屯田官葺而完之。

　　灵溪之为堰，首受清凉河，下通于木渠，即古之木里沟也，灌田六千顷。渠始开于楚，汉南郡太守王宠又凿之。宋治平二年乙巳，宜城令朱纮，淳熙十二年总领蔡勘等，凡两浚治，具载贞珉，二渠之为利广矣。宋李后妆奁田在是。我朝至元十年癸酉，既平襄汉，又六年戊寅，屯田官刘汉英，其属丁思明、刘兴、黄汉臣等建议，图而上之，东抵汉江，北亦如之，南际安陆、荆门界，则南漳白罗消溪也，有命作恒业，于大护国仁王寺，以为隆福宫焚修之资，官以提领岁课所入之租。大德三年己亥，改营田提举司，逮六年壬申，中政院同佥李英奉旨出内府金，募民修筑，斩伐竹木，薰楗土石、立堤防、障横溃、完崩缺、瀹壅阏，心计手授，略无安暇。是以不数月而告成。若神明有以阴相之者，所谓锸云渠雨之谣。亦无愧德于郑国也。

　　时为使之贰，则有大都民匠总管乞召、含山县尹井居仁；任簿书之责，则有院掾高奎赞；佐其后，则有襄阳总管王良嗣，提控案牍郑谦，监营田也里，都目萧兴祖；奔走供亿，则有提领王从龙、张明义、秦文彬等；庀其徒，则前提领丁思明也。至大庚戌夏六月大水，堰复决，官为葺理。延祐改元甲寅，文渊来守襄汉。越四年丁巳春二月，提举赵琦偕都目王翚、吏黄白荣、萧恭来曰：两堰之修，厥绩甚茂，乃吾元之胜事，苟不纪之，以至落莫无闻，我辈实任其责。子司文衡者敢不属笔。至再至三，而愈笃谨。按志书："襄之西南诸堰，独武安、灵溪为大。迹其始所作战国之世，距今一千七百五十余年。"其间起废更新，为利国便民之举而所可知者才数人尔；其不可知而同草木湮腐者伙矣。何则，汉召信臣、杜诗相继为南阳，开通沟渎以广灌溉，修治陂池，以拓土田，民遂有父母之称。厥后征南将军杜预镇襄阳，修召之故迹，引滍淯以浸田万顷，众庶赖之，亦号杜母：且召之故迹在南阳者，预犹为之翘兹，二渠适属襄土反无其功耶？呜乎！史籍无传则亦已矣。后之涖是职者，不坠李侯之功，而踵父母之称于召、杜者岂无其人哉！既以所闻而第之，识其岁月，仍系以铭焉。铭曰：

> 惟水于田，利实至大。
>
> 蓄泄以时，人力是赖。
>
> 武安之功，壅鄢作垻。
>
> 浏浏长渠，发源斯在。
>
> 伊溪而灵，浞浞其派。
>
> 木里载通，龙兴靡碍。
>
> 宋妆奁田，以灌以溉，
>
> 襄樊既平，归我昭代。
>
> 为祝厘资，尘清国泰。
>
> 矫矫李侯，办而能裁。
>
> 出内府金，丕视功载。
>
> 木石即工，脉沟络浍。
>
> 井井塍塍，万顷其畍。
>
> 输租于公，民亦大赉。
>
> 伐石勒铭，俾无永坏。

重修灵溪堰记

清·甘国焞

南漳，故临沮，距县治东四十里许，有堰，曰灵溪。受西溪诸水，通于木渠，即木里沟也，灌田三千顷。若堤防完固，灌田可五六千顷。按地志：渠始开于楚，汉南郡太守王宠疏渠广袤。宋治平、淳熙中，宜令朱纮、总领蔡勘等两浚治之。元大德间，中政院同佥李英奉旨内府金募民修筑，厥后湮塞不常。明万历间，邑令董志毅复斩伐竹木，垒以土石，而更新之，其原委可考也。岁乙未，余承乏襄阳，窃见江汉势踞上流，如顷瓴建瓴，莫可止遏，必广筑塘堰，引江水入渠，使水有蓄泄，田亩自沃，适分宪少。参璩公志在兴厘，而于水利一事讲求尤切，乃下其事。于郡，余遂分行各属，以董其成。阅未几，而漳令王君霖以灵溪堰成先以来报竣，且丐余一言而为纪。其事余维襄之西城区南诸堰，独灵溪为大，自战国迄今，凡二千二百余年，其间兴废固不一而足，而所可知者不过数人。迨明季，礌圮坏，水道塞滞，民苦不便者久矣。今王令能上奉教令，不殚厥职，不劳民、不绌用，不数月藉手告成，讵不谓贤乎，俾临沮之人勿虞旱涝，勿患荒芜，而泳歌乐土，讵不谓惠乎？然因之有所感矣，昔召信臣、杜诗相议。南阳广开沟洫，以拓土田，民有父母之称。杜预镇襄阳引滍淯之水浸田万顷，众庶赖之，民亦称杜母，吾乌知其今不同于古所云耶，聊以灵溪之成卜之也，王君勉乎哉。爰因其所请，追溯前来，纪其岁，月而勒诸石所以相勖者甚远，岂徒为饰观美而已哉，是为记。

遵谕查勘车路记

清·宋瀛海

古之所谓循吏良吏者，类皆实心任事，与民共利，不惟当世沐其恩。既后世治其惠，故史起凿漳灌邺旁之田，民咸歌之。郑国决泾灌关中之田，民亦颂之。诚以能兴大利，斯亦不愧为民之父母也。我杨公之为宜城兴利，视古循良无以加矣。

公为黔南名儒，由中书改就外职，昔任鹤峰州牧，本经术为治术，政绩卓著，至今犹碑口称道勿衰。已春权篆宜城，甫下车询民疾苦，咸以岁欠为忧，问何故，皆言：宜邑东有莺水，南有赤湖，俱可疏凿以溉田，而不及长渠之利更大。长渠在县治西，导自蛮河，经南漳之武镇，东流入宜城境内，可溉田数千顷，年久湮塞，因多旱荒。前县累议修复，或因缺费，或因卸任，以致一篑功亏。

公闻此言，慨然兴起久矣，然斯时方经营邱家堰学堂，以学务为亟，未遑他顾。越明年，学堂工将竣，公即以开渠为己任。莺水、赤湖次第兴工，唯长渠事关交涉，未可冒昧。于风雪迷漫中，不辞劳瘁，偕二、三绅耆，亲诣南漳令商，按渠之故道，将疏通之。而武镇之人又生阻力焉，佥云武镇货物所以能运动者，惟此蛮河耳，倘建闸渠坝，壅此水以入渠，恐滩干水浅，船何以行？公曰：诸君无虑，此陆运更胜于水运也，泸汉之修铁路也，所以运货，现在襄阳支路。大宪已委员查勘，不日即兴办。宜城为上下枢纽，往来必由之，既通，必舍舟就陆。

公之设法修路，实有先见之明，不惟本境获益，且南邑亦有利焉。查武镇向有小路，东通宜邑小河地方，为汉江埠口，上可达襄阳，下可达武汉，武镇货物若由蛮河出，入值冬干水涸，则武镇抵岛口下水约需三五日，上水则更迟矣。设改由小河直接汉江，仅五十里，往返不过一日，何便如之？奚虑利于农不利于商耶。议既定通禀上宪。未兴开渠之工，先筹修路之费，海不敏承乏斯役，特命踏勘沿路一带情形，量其地势，审其工程，高者削之，低者填之，狭者宽之，险者平之，曲者直之，塞者通之，务期一往无阻，百货能行而后止，异日择吉开工，车路告成，商贾往来其地者，必曰此公之功也；行旅出入其途者，必曰此公之德也。如是，则公之功德不俱被于宜邑，且及于南邑矣。况修路之后，即可开渠，两邑之民，凡沾灌溉之利者，又谁不歌功颂德耶？噫！世道衰而吏治坏，虚之是尚者，每玩视民瘼，既境内之事，可以操纵自如者，犹不肯，为人又岂肯商之邻县，多方委曲乎！公因兴利而拟开渠，因开渠而拟修路，匪特为本县计，且为邻县计，谓非实心任事，与民兴利者也。海勘路已毕，据实禀报，遂援笔而为之记。

奉承宪禁碑（"永禁开渠"碑）

清·武安镇首士苏光德等

署南漳县正堂加十级记录十次石晓谕事。本年十二月初十日奉府宪札开，本年正月十四日奉潘宪常批，据宜南二县士民王载、鲁桂元、朱价潘，余在田、戴松、张鳌等呈请复修长渠，严禁恶棍阻挠等情，此案到府奉批。该渠亘百余里，自元明迄今民田庐墓历久相安。及该士民等因本年被旱，混藉一隅之欠收，不计工用，如何浩繁，民力是否情愿，将数百年从未开凿，并非急不可缓之工，倡议两邑筹修，竟致勉强从事，固属各怀觊觎，互执偏私。而宜城、南漳二县遂行先批勘办，亦属轻率。襄阳府严行审饬，并既示谕该二县士民凛遵查照，毋再妄逞意见，混讼扰累，致于严究等。因奉此案上年十二月十一日蒙道宪督同本县并宜城县亲诣该处查勘，得宜南士民王载、鲁桂元、朱价潘等呈请复修。长渠之处房屋既多，兼之古冢累累。且测量其地高于河面自数尺至丈余不等，若欲开渠筑堰需得挖深二丈以上，方能引水渠。绵长数十里，工费甚繁，况漳河渠路百余道，将武镇上游之水截去十分之七，下游仅止三分，是以倍形消渴。若再将此水开渠分引，是宜田未受其益，而镇民先被其害，当经禀蒙道宪，将难开挖用情形申交督宪，于本年二月十五日奉督宪批将王载等控词注销，各等因转行下县，奉此合行出示晓谕，为此示仰该士民等一体遵照，毋再妄逞意见，混讼扰累，致于严究，各宜凛遵，毋违特示。

钦命部尚书兼都察院左副都御史、湖广总督部堂汪志伊、钦命湖北武昌等处承宣布政使司布政使常福、钦命湖北安襄郧荆兵备道兼水利事务王正常、特授宜城县正堂葛桂芳、特授湖北省襄阳府正堂张溶、特授南漳县分司晏龙舒、特授南漳县正堂陶绍、署理南漳县分司陈世庄、署理南漳县正堂石士成、督标左副司厅彭先弟。

咏史诗·故宜城

唐·胡曾

武安南伐勒秦兵，疏凿功将夏禹并。

谁谓长渠千载后，水流犹入故宜城。

书宜城修水渠记后奉呈朱寺丞

宋·欧阳修

因民之利无难为，使民以说民忘疲。

乐哉朱君障灵堤，导鄢及蛮兴众陂。

古渠废久人莫知，朱君三月而复之。

沃土如膏瘠土肥，百里岁岁无凶菑（灾）。

鄢蛮之水流不止，襄人思君无时已。

木渠诗

宋·郑獬

木渠远自西山来，下溉万顷民间田。

谁谓一石泥数斗，直是万顷黄金钱。

去年出谷借牛耕，今年买牛车连连。

须知人力夺造化，膏雨不如山下泉。

雷公不用苦震怒，且放乖龙闲处眠。

安得木渠通万里，坐令四海成丰年。

第三节　工程遗产价值

长渠灌溉工程延续 2000 余年，以其科学的规划、巧妙的布局、完善的工程体系和有效的管理，保障了农业灌溉等综合效益持续发挥，见证了区域自然、社会、经济变化发展，具有突出的历史、文化、科技价值（图 3-16）。

图 3-16　长渠灌溉工程遗产价值评价图

一、科学技术价值

勘测、规划和设计技术。长渠工程规模巨大，规划设计科学合理。据历代《襄阳府志》《宜城县志》对古长渠的记载，对照民国时期复修前（公元 1938 年）航空测量制成的地图，古、今长渠渠线基本一致，干渠自西向东布置在汉江平原二级阶地的最高线上。位于干渠东、南部的整个灌区都在它的控制之下，保证了支渠以及其他下级渠道的自流引水。除了渠系走向规划合理，渠道的纵坡和横断面也满足了自流引水式渠道纵坡的设计。根据调查结果，结合当今长渠比降推算，当年长渠平均坡降约为三千分之一。

立堨（筑堰）施工技术。渠首工程始建之时，需要修建拦截横断河床的拦河坝，抬高水位，引水入渠。"以竹笼石，葺土而为堨"。白起所立堨，是"以竹笼石"，葺土而成的竹笼拦河坝，"斩伐竹木，藁楻土石，立堤防，障横溃，完崩决，瀹淤阏"。竹笼工程的最大优点就在于将分散的卵石聚为一体，既抗御洪水冲击，又能泄水，还能适应河床的变化。

多源引水，长藤结瓜。古人利用渠流以结陂田，"陂渠串联"，不但把旧有的陂塘联结，还开挖了新的陂塘（城西有占地数十顷的新陂，西北有土门陂，城东有臭池，臭池下面又有朱湖陂），同时还开挖了许多支渠，相当于现在的干、支、斗、农渠互相连接起来。如果把渠首拦河坝比作"瓜根"，渠道就是"瓜藤"，而沿渠连结的陂塘就是瓜藤上结出的"瓜"。一共在"渠藤"上结了 49 个"瓜"（陂塘），以高蓄下泄并联成网，互相补充水源。在非灌溉季节，用拦河坝蓄水，使河水入渠，渠水入陂塘，扩大水源；

在灌溉季节，陂塘再供水给长渠以灌田，循环蓄水供水，提高了陂塘的利用率。

水门节制，分时轮灌。水门相当于斗门（现称为节制闸），元代时长渠的水门共有 46 处，主要起到分水和控制水量的作用。长渠采取的"分时轮灌"制度也是水利工程管理方法上的创新之举，一直沿用至今并得到了革新发展。主要做法是：把灌区划分为 4 个区域，自上而下分时轮灌。具体方法是：以 9 天（216 小时）为一轮：第一段节制闸以上供水 48 小时，第二段节制闸以上供水 56 小时，第三段节制闸供水 50 小时，第四段节制闸供水 54 小时，再留出 8 小时机动时间用于维护和检修。

二、历史文化价值

长渠的始建可追溯到战国末期，历经上千年的发展，至南宋时成熟完善。白起引水攻鄢郢之战是战国时期影响整个大局的重要战役，正因为此战消灭了楚国的大量精锐之师，使楚国一蹶不振，从而成就了秦国的统一大业。长渠的持续运用不仅具有发展地方农业经济的显著作用，而且在历史上曾发生过远远超出地方经济的深远影响。历史上长渠灌区多次成为重要的商品粮供应地和军事基地。

长渠的兴废折射出国家命运的历史起伏。据《长渠志》记载，历史上长渠经历过 5 次大修和 7 次局部修治，是可持续性运营管理的经典范例。这五次大修为：

第一次大修是在唐大历四年（公元 769 年），由节度使梁崇义主持修建。据元代何文渊所著的《重修武安灵溪堰记》记载："唐大历四年己酉，节度使梁崇义尚修之，乃建祠宇。"意为唐大历四年（公元 769 年），驻守襄州的节度使梁崇义修复了长渠，还在武安镇修建了纪念性建筑白马庙，庙前供奉白起塑像。记录此事的残碑保留至今，现存于长渠渠首谢家台的"白起碑阁"内。唐代胡曾写有《咏长渠》一诗记录此次长渠复修工程。

第二次大修是在北宋咸平二年（公元 999 年），由京西转运使耿望主持修建。《宋会要辑稿·食货》和《宋史》均对此事做了详细的记载。

第三次大修是在北宋至和二年（公元 1055 年），由宜城县令孙永（字曼叔）主持修建。此次大修不仅对长渠渠道进行了修治，还制订了一套水利制度，使长渠的灌溉效益达到三千顷，《元丰类稿》记载了此事。宋神宗熙宁六年（公元 1073 年）曾任襄州州官的曾巩巡视长渠灌区后为孙永主持修长渠一事补写了《襄州宜城县长渠记》。

第四次大修是在北宋绍兴三十二年（公元 1162 年），由参知政事、督视湖北京西路军马汪澈主持修建。《宋会要辑稿》和《宋史·汪澈传》均记载了此事。此次修复长渠的背景是绍兴三年（公元 1133 年）岳飞收复襄汉六郡后，襄阳成为国防重镇，朝廷派有重兵把守。为筹集屯守襄汉的荆鄂两军的军饷，汪澈奏请朝廷主持修复长渠并进行军事屯田，此举减轻了从江西、湖南等地长途运送粮草的巨大负担。

第五次大修是在元大德六年（公元 1302 年），由中政院同金李英奉旨主持修建。此事的前因是元朝军队于公元 1272 年在宜城境内击溃南宋援军并于公元 1273 年攻破襄阳城之后，长渠及其灌区被纳入元朝版图，并被划入大护国寺的固定产业。长渠因战争破坏严重，灌溉功能丧失，影响了大护国寺的租课收入，朝廷遂派李英重修长渠。元朝何文渊撰写的《重修武安灵溪堰记》中详细记载此事的始末。经过此次修缮，长渠灌溉之利延续了百年，至 15 世纪时才逐渐湮废。

历史上长渠的五次大修发生在唐代、北宋、南宋和元代，长渠的毁坏与重修，伴随着大国命运的转折，见证了历史人物的故事和历史事件的发生。

在长渠运行的两千多年中，不乏开明的政治家组织民众对其进行多次维护扩修。后人为感念，曾在干渠沿途五里立一碑，十里建一庙，留下众多纪念建筑。这些庙宇和碑刻虽然大多毁于历代的战火，但仅从幸存下来的众多文物来看，对研究灌区所在地区的政治、经济、军事、文化具有重大作用。

长渠兴水利民的 2000 多年里，吸引了许多政治家、文学家及有识之士前来，或观光考察，或献计献策，或亲力亲为，留下了众多的诗词歌赋、案头文章。其中精品甚多，不少堪称不朽之作。比较出名的有：唐宋八大家之一的曾巩所著《襄州宜城县长渠记》；同为唐宋八大家之一的欧阳修的《灵溪堰》；宋代翰林学士郑獬的《襄州宜城县木渠记》；元代何文渊的《重修武安灵溪堰记》等。当然最脍炙人口的当数唐朝著名诗人胡曾的《咏长渠》。不仅如此，历代的志书，如《宋史·河渠志》《大元大一统志》《嘉庆重修大清一统志》以及《湖北通志》《襄阳府志》《南漳县志》都有详细记载。至于近现代文人雅士创作的以长渠为题材的文学作品更是不胜枚举。

三、科教与景观价值

长渠横跨南漳、宜城两县（市），山水资源丰富，生态风景优美，人文景观特色鲜明，水利历史文化底蕴深厚。既是"国家水利风景区""国家水土保持科技示范园"，又是湖北省重点文物保护单位、湖北省水情教育基地。近年来灌区积极整合渠系流域自然、人文、历史等旅游资源，不断完善基础设施，强化水生态治理。经过不断努力，在历史资料上，已形成了涵盖秦、汉、北朝、唐、宋、元、明、清等时代的长渠历史文献资料库；在历史文物方面，建设了"白起碑阁"历史文化园，馆藏了元、明、清等时代的碑刻文物以及在长渠沿线发现大量文物资源：长渠灌区目前已有安乐堰、楚皇城等两处国家重点文物保护单位，临沮城、张公祠、长渠白起碑阁等三处省级文物保护单位。此外，还有许多保存完好的高规格古墓群。

长渠灌区——东棚遗址

长渠灌区——谢家坡遗址

长渠灌区——杨家河遗址

长渠灌区——袁家湾墓群

图3-17　长渠灌区部分考古遗址

建国以来，在对长渠沿线文物进行保护性发掘的过程中，发掘出了许多国宝级的文物。例如，1956 年在修建安乐堰时，发掘出了春秋时代的国宝级铭文青铜器"蔡侯朱之缶"；2000 年，在南漳县武安镇赵家营村川庙山出土了 110 余件东周时期文物，其中青铜器、玉器 20 余件；2016 年，又在毗邻的申家咀村出土了东周至汉代文物 300 余件，以及记载着民国年间蛮河最大一次洪水过程的蛮河水文碑等。相信随着后续考古发掘工作的有序推进，将会有更多国宝级文物出土。

长渠的兴衰与朝代更替和人世兴衰的紧密相连，其中所发生的故事，历代所创作的诗歌，所刻下的碑碣，所修建的庙堂，都是长渠无比珍贵的历史文化遗产。这些文物与记载不仅证明了长渠拥有着深厚的文化底蕴，而且能为长渠地区的历史文化研究乃至于荆楚文化的研究提供历史资料和实物证据。

图 3-18　长渠展览馆

2005 年，长渠水源地三道河水库被水利部授为"国家级水利风景区"。多年来，景区立足山水资源，高点定位、精雕细琢，力求人与自然协调发展。景区依水谋景、山水盈动、以文点睛，不断丰富景区内涵，目前以亲水文化、生态旅游、休闲养生、水利文化为一体的点、线、面全覆盖生态大旅游发展格局基本形成。

随着国民生活水平提高，灌区旅游业悄然兴起。南漳县水镜湖、水镜庄、徐庶庙与襄阳古隆中连成一条三国文化旅游热线；三道河水镜湖国家水利风景区、三道河水库水土保持科技示范园、长渠水情教育基地、长渠绿色廊道、高康美食长廊、楚皇城城址展示馆、鲤鱼湖湿地公园连成一条水文化和水生态及绿色美食的旅游热线。不仅增加了地方收入，而且大大提高了灌区的知名度。

（1）长渠水情教育基地

长渠现为湖北省第五批文物保护单位、湖北省水情教育基地，基地占地面积 3500 平方米，史志浮雕长廊 50 米，白起碑阁面积 60 平方米，展示了：①公元前 279 年至公元前 278 年，秦国名将白起率军伐楚，采用了决水攻城的战术攻克楚国鄢城，战后，其渠不废，遂成为引水灌溉渠；②陂渠串联、长藤结瓜的古代水利灌溉渠系工程及发展过程；③自春秋战国时起，包括唐、宋、元、明、清、中华民国等时代变迁中以郦道元、欧阳修、曾巩、张自忠为代表的名人留下的墨宝与治水、兴渠、利民的故事；④近现代以来，长渠建设情况、工程管理及蓄水、放水、用水管理制度和节水效益等。

（2）鲤鱼湖湿地公园

鲤鱼湖位于宜城市鄢城街道办事处，1958 年竣工投入使用，是长渠长藤结瓜工程之一，主要依靠长渠补充水源，总库容 2033 万立方米，属中型水库。

为了保护水环境，营造水景观，2015 年三道河管理局与宜城市政府在鲤鱼湖东侧投资约 2.2 亿元共同合作开发建设鲤鱼湖湿地公园。公园绿地总面积 3521 亩，其中滨湖景观绿化工程占地面积 800 亩，工程以观景长桥分为东西两段，东段长 1900 米，西段长 1600 米。

图 3-19　楚皇城城址展示馆

湿地公园充分利用鲤鱼湖水资源优势，对库区周边环境进行合理整治，利用湿地良好生态环境建有湿地浮岛、湿地生态内河、湿地栈道、湿地观鸟林、白鹭洲、阳光草坪、健康步道等多样化湿地景观。完美地实现了"水、城、林、人"的生态和谐，现已成为重要的湿地科普宣教基地、湿地文化保护基地、水情教育基地、居民休闲娱乐场所。

（3）楚皇城城址展示馆

楚皇城城址展示馆位于郑集镇皇城村八组，由展馆及停车场组成，总占地面积约 5.2 亩，于 2015 年 5 月 1 日对外开放。

展示内容主要分为五个部分：一是清华简《楚居》相关内容展示；二是楚国部分历史人物资料；三是楚皇城城址城墙墙体夯土层和夯窝展示，四是遗址内部分出土文物展示；五是楚皇城城址复原模型及规划展示。楚皇城城址是东周时期的楚国古城遗址，2001 年被列为全国重点文物保护单位。随着时光的流逝，楚国曾经的辉煌被淹没在尘埃里，逐渐被世人所遗忘。主办方希望通过楚皇城城址的展示，大致还原其本来面目，让楚文化有一个表现的载体，让人们走进楚文化，让更多的人了解楚文化的丰富内涵。这是对楚文化最好的传承和弘扬，既能促进传统文化的保护与传承，也能推动现代社会经济的发展与进步。楚皇城城址展示馆既是珍贵文物的展示场所，也是旅游休闲的文化设施，为宜城增添一处文化景点，使其文化色彩与氛围更加浓郁。

（4）张自忠将军纪念馆（3A）

张自忠将军纪念馆位于湖北省宜城市襄沙大道 55 号，占地面积 1.3 万平方米。始建于 1991 年，2015 年进行升级改造。纪念馆内以张自忠将军生平事迹陈列为主，辅以名人题词碑刻展览。纪念馆的陈列较为全面、系统、真实地反映了将军一生的革命斗争历程。

图 3-20　宜城张自忠将军纪念馆

张自忠将军纪念馆分为碑廊、放映厅、将军事迹陈列室、字画室、将军半身戎装像和纪念壁等六个功能区。展览全面展示了张自忠将军艰难曲折的经历和从政治军、爱国爱民、抗日御敌的风采，成为海内外华人华侨开展爱国交流互动的平台。此馆是一座古今结合、富有民族风格的四合院建筑，使用面积达 720 平方米。门楼两侧的花岗岩上分别镌刻着毛泽东、蒋中正当年题写的挽词"尽忠报国""英烈千秋"。王任重题写的"张自忠将军纪念馆"的馆名匾额，悬挂在门楼的上额。馆内以红颜色为主基调，象征烈士的鲜血染就。两侧碑廊有 20 块石碑，仿刻着著名人士题写的挽词手迹。正面 7 间高大房屋，分 6 个部分展出将军的遗物、手迹、照片、地图 300 多件，充分展示了张自忠将军的人生经历和光辉形象。

2014 年 9 月，张自忠将军纪念馆入选第一批《国家级抗战纪念设施、遗址名录》。2020 年 11 月，被中国侨联确认为第八批中国华侨国际文化交流基地。

（5）三道河水镜湖国家水利风景区

景区位于荆楚文明发祥地、楚故都丹阳所在地、和氏璧故乡、三国故事源头，"和氏璧""司马水镜荐诸葛""徐庶走马荐诸葛"等历史故事均发生于此。2005年被评为"国家级水利风景区"，景区范围840平方千米，东西长105千米，南北宽8.2千米，中心景区面积47.96平方千米，水面666公顷。景区以亲水文化、生态旅游、休闲养生、水情教育为一体的点、线、面全覆盖生态大旅游发展格局初具规模。累计接待国内外游客100万人次。

长渠三道河水库

景区入口

白鹭齐飞

图3-21　长渠水源地三道河水库风景优美

（6）三道河水库水土保持科技示范园

示范园总面积111.57公顷，2011年被评为"国家级水土保持科技示范园"，是全国第一家以水库命名的水土保持科技示范园。为丰富园区水保教育载体，通过向上争取、自己动手、社会投入等方式，累计投资1200多万元，先后建成水土保持生态修复区、水土保持典型措施展示区、溢洪道高陡边坡防护示范区、人工模拟水土流失侵蚀演示区、植物引种展示区、溢洪道左岸弃渣场水土保持治理区、水土保持文化墙和科普长廊等 10 个子功能区，在展示水土流示预防与治理、国策水保宣传、普及水保知识等发挥了重要作用。

四、社会经济价值

长渠灌区山、水、林、田、湖、草、沙与城镇、民居融为一体。生态资源丰富，文化底蕴深厚，地域、气候、文化、习俗趋同，形成多子系统协调和谐的有机生态系统，共同构成一幅自然、历史、人文共生的美丽画卷。长渠自建成以来，主要功能包括农业灌溉、防洪排涝等，促进了汉江区域农耕渔业和区域经济的发展，成就了"鱼米之乡、天下粮仓"，也孕育了深厚的地域文化。

长渠灌区包括湖北省襄阳市南漳、宜城 6 个乡镇及 4 个农场，总人口达 35.47 万人。其中绝大部分位于宜城。目前，宜城境内的长渠灌溉面积为 24 万亩，占宜城农田面积的一半；南漳县境内的长渠灌溉面积为 6.3 万亩。灌区粮食年均总产量在 2.5 亿公斤以上。

长渠灌区已经成为一个以三道河水库为龙头、中小型水库相结合的供水系统，以长渠引水工程为动脉、支斗农渠配套的灌溉体系的新型灌区，年均供水量 3 亿立方米，灌溉面积 30.3 万亩。灌区气候温和，雨量丰沛，适宜各种农作物生长，是襄阳市重要粮棉油生产基地。灌区建成以来，为南漳、宜城两县（市）农业生产和地方经济发展作出了重大贡献。

首先，彻底改变了灌区的生产条件，使得灌区粮食单产由 20 世纪 60 年代的 192 公斤，提高到现在的 600 公斤，其中水稻平均单产超过 650 公斤。灌区的建成，使过去水源奇缺的"火龙岗"都变成了良田。

其次，彻底改变了灌区面貌，使土地利用更趋合理，农村产业结构更加完美，复种指数逐渐提高，由 1998 年的 165% 提高到现在的 172%。20 世纪 60 年代，灌区农田多以旱田为主，且产量不高，灌区复建扩建后，水源得到保证，水稻种植面积扩大，农业结构随之调整。农作物生产正由"增产增收"转变为"优质高效"，逐步向现代农业的趋势发展。

其三，长渠引水灌溉范围不断扩大，越来越多的"旱包子"得到灌溉水的润泽。长渠引水灌溉范围由 20 世纪 50 年代年代初的 4.95 万亩扩大到现在的 30.3 万亩，许多农田过去望天收，现由于长渠的引水灌溉而年年丰收。

根据资料统计，长渠灌区现有农业人口 25.17 万人，灌区国民生产总值 49.4 亿元，工农业生产总值 33.15 亿元（其中农业总产值 9.05 亿元），农民人均纯收入 2860 元。灌区内国民经济以农业为主，农作物以粮食为主，兼有棉花、油料等，是南漳、宜城两县（市）经济最发达的地区，也是襄阳市粮棉油重要的生产基地之一，其中宜城市已成为全省"吨粮县"之一。

表 3-1   长渠灌溉工程遗产清单

类别	类型	描述
灌溉工程体系	渠首枢纽	长渠渠首枢纽
	渠道工程	干渠：全长 49.25 千米，按管理范围划分从上到下依次为渠首、一段、二段、三段。 支渠：共 34 条，长 221.8 千米。渠系由干、支、斗、农四级渠道组成，连接灌溉区域内的水库、堰塘，构成长藤结瓜的灌溉模式。

类别	类型	描述
灌溉工程体系	调蓄工程	水源工程：三道河水库 结瓜工程：鲤鱼桥水库、邬家冲水库、武垱湖水库、胡岗水库、联盟水库、吴家冲水库、金家湾水库、杨大沟水库、肖家冲水库、蒋湾水库、2161 口堰塘 渠系建筑物：水闸、涵洞、渡槽等。共有闸门499 座；渡槽39 座，782 米；涵洞518 座，2515 米；倒虹吸3 座，107米；滚水坝1 座。
相关遗产	祭祀纪念场所	白起雕像、张公祠、李公祠、徐公祠等
	文献资料	《襄州宜城县长渠记》《灵溪堰》《襄州宜城县木渠记》《重修武安灵溪堰记》《咏长渠》《湖北通志》《襄阳府志》《南漳县志》等
	碑刻	"奉承宪禁"碑、"重修武安灵溪堰记碑"等水利碑刻
	文物	档案资料、水工构件等

表 3-2　　　　　　　　　　　　支渠表[①]

名称	起止地点	建设年份	长度（km）	设计流量（m³/s）	灌溉面积（万亩）	受益单位
一支渠	七里庙至计公段	1953	0.5	0.2	0.05	南漳武东雷家营村
石头沟	石头沟至蛮河边	1954	2.5	0.8	0.15	南漳武东雷家营、马家营两村
方岗	方岗当至界碑头	1962	2	3	0.12	南漳武东安乐堰、界碑头两村
木马当	木马当至界碑头	1955	3.5	0.6	0.33	南漳武东界碑头村、宜城朱市杨河两村
二支渠	新庙至曾州	1953	4.5	3	0.1	宜城朱市符倘、菜园、新庙三村

---

① 表据《长渠志》中统计情况，行政区划为当时情况。《长渠志》，方志出版社，2003 年。

名称	起止地点	建设年份	长度（km）	设计流量（m³/s）	灌溉面积（万亩）	受益单位
大沟	大沟至程家咀	1954	2.5	0.5	2.5	宜城朱市坪堰、菜园两村
幸福	杨岗至民政店	1958	15.5	10	0.06	宜城小河梁堰、杨湖、胡湾、占营、荣河、联盟、民政、高庄八村
王坑	高坑至春树湾	1954	2.5	0.4	0.77	宜城朱市高坑、曾州、平堰三村
三支渠	高坑至石灰	1953	5.5	2	0.83	宜城朱市高坑、曾州、石灰三村
吕岗	吕岗至宜城城关	1954	8.8	5	0.37	宜城城关、铁湖、七里岗、太平岗、黄集五村
丰收	黄集至聂家台	1954	2.0	0.8	0.5	宜城朱市黄集、石灰两村
四支渠	黄集至新河	1953	4.4	1.2	0.86	宜城雷河民主、新河、朱市石灰三村
白庙	黄集至周岗	1958	9.0	3.5	0.13	宜城鄢城七里庙、白庙、周岗、木渠四村
综合	民主至新河	1955	7.5	1.5	0.19	宜城雷河新河村
岔湖当	岔湖当至大营子	1954	4.0	1	0.45	宜城雷河民主、官堰两村
五支渠	七里庙至王旗营	1953	5.0	1.5	0.44	宜城雷河官堰、新河两村
六支渠	宜刘公路至孟淌	1953	4.3	1.2		宜城雷河辛常
小六支渠	宜刘公路至雷河大桥头	1964	3.5	1.0	0.1	宜城雷河辛常、原种场两村
陶家塔	陶家营至金家湾	1954	3.1	1.0	0.16	宜城鄢城白庙、周岗、木渠三村

名称	起止地点	建设年份	长度（km）	设计流量（m³/s）	灌溉面积（万亩）	受益单位
方家岗	方家岗至季家咀	1953	4.4	0.5	0.12	宜城鄢城周岗、雷河和平、原种场三村
七支渠	郭家岗至季莲	1953	4.0	1.5	0.29	宜城郑集金铺、原种场两村
八支渠	田家岗至汤家岗	1953	4.5	2.0	0.38	宜城郑集魏岗、皇城两村
新八支渠	杨家岭至余旗营	1955	8.5	3.0	1.11	宜城郑集金铺、双龙、赤土坡、潘河、余营、原种场六村
双龙	杨家岭至双龙	1958	4.0	1.5	0.3	宜城郑集魏岗、金铺、双龙
九支渠	官沟至皇城	1953	4.1	2.0	0.29	宜城郑集魏岗、皇城、槐营三村
陈家岗	陈家岗至余营	1964	4.0	1.0	0.5	宜城郑集双龙、蒋湾、余营三村
十支渠	黄家湾至蒋湾	1953	4.3	3.0	0.42	宜城郑集槐营、双龙、蒋湾三村
十一支渠	黄家湾至长湖	1953	3.3	1.0	0.14	宜城郑集长湖、槐营、皇城三村
十二支渠	高觉寺至红星	1953	4.6	3.0	0.49	宜城郑集槐营、红星、蒋湾三村
十三支渠	古楼岗至杨岗	1953	2.4	0.5	0.13	宜城璞河赤湖村
十四支渠	古楼岗	1953	0.8	0.5	0.08	宜城璞河赤湖村
十五支渠	黄家屋场至郭安	1953	5.5	1.5	0.79	宜城璞河护州、郭安、八角庙、轩庄四村
十六支渠	赤湖	1953	1.1	0.5	0.08	宜城璞河赤湖村
周岗涵洞	周岗	1972				宜城鄢城周岗、原种场两村

表 3-3　　　　　　　　　　　干渠主要建筑物一览表 [①]

名称	位置	桩号	结构	规格	建设年份
机行桥	谢家台	0+158	两墩三跨	长 20 米、宽 4 米	1964
机行桥	徐家营	1+052	两墩三跨	长 20 米、宽 5.1 米	1965
机行桥	张家营	1+744	两墩三跨	长 25 米、宽 5 米	1986
人行桥	张家营	1+844	两墩三跨	长 25 米、宽 2.3 米	1965
街道大桥	武镇西关	2+868	双曲拱	长 20 米、宽 10 米	1985
街道大桥	武镇街	3+454	双曲拱	长 25 米、宽 15 米	1987
公路桥	武镇街	3+504	浆砌石拱	长 22 米、宽 8.0 米	1968
公路桥	武镇街	3+524	浆砌石拱	长 25 米、宽 6.2 米	1962
机行桥	武镇窑场	3+996	双曲拱	长 20 米、宽 5.5 米	1968
机行桥	武镇油厂	4+375	双曲拱	长 18 米、宽 7.1 米	1985
机行桥	武镇同兴	5+132	双曲拱	长 39 米、宽 6.6 米	1979
渡槽桥	武镇同兴	5+214	三墩四跨	长 31 米、宽 2 米	1965
跨干渠渡槽	武镇刘家河	5+580	二墩三跨	长 36 米、宽 2 米	1965
机行桥	武镇罐子窑	6+527	二墩三跨	长 21 米、宽 5 米	2001
人行渡槽桥	武镇新河	6+806	三墩四跨	长 26 米、宽 2 米	1968
人行桥	武镇雷家营	7+583	两墩三跨	长 22 米、宽 2 米	1969
人行桥	武镇石头沟	8+057	一墩二跨	长 20 米、宽 2.2 米	2000
泄洪闸	武镇石头沟	8+129		宽 3 米、高 2.8 米	1953
倒虹管	武镇石头沟	8+202		长 22 米、宽 3 米	1953
干渠渡槽	武镇石头沟	8+202	两墩三跨	长 22 米、宽 3 米	2000
机行桥	武镇徐家寨	8+425	两墩三跨	长 29 米、宽 4 米	1965
西渠渡槽	武镇张家台	9+178	一墩三跨	长 24 米、宽 1.6 米	1961
人行桥	武镇王家冲	9+425	两墩三跨	长 23 米、宽 2 米	1965
中东渠渡槽	武镇安乐堰	9+875	两墩三跨	长 31 米、宽 1.6 米	1965
机行桥	武镇安乐堰	9+893	两墩三跨	长 28 米、宽 6 米	1985
人行桥	武镇安乐堰	10+244	两墩三跨	长 23 米、宽 2 米	1965
非常溢洪道	武镇安乐堰	10+539		长 37 米、宽 54 米	1957
进水闸	武镇安乐堰	10+544		宽 3 米、高 3 米	1988

① 表据《长渠志》，方志出版社，2003 年。

名称	位置	桩号	结构	规格	建设年份
泄洪渡槽	武镇安乐堰	10+617	一墩二跨	长 25 米、宽 15 米	2000
机行桥	方家岗	10+856	三墩四跨	长 29 米、宽 4 米	1965
山洪渡槽	方家岗	11+285	一墩二跨		1958
陡沟渡槽	武镇安乐堰	11+446	两墩三跨	长 24.5 米、宽 0.5 米	1953
人行渡槽桥	小河刘家坡	11+852	两墩三跨	长 24 米、宽 2 米	1968
机行桥	小河刘家坡	11+862	四墩五跨	长 54 米、宽 5 米	1965
人行桥	小河杨岗村	13+272	两墩三跨	长 20 米、宽 2.2 米	1963
红阳机行桥	小河杨岗村	14+055	一墩二跨	长 14 米、宽 4 米	1963
节制闸	小河杨岗	16+142	两墩三跨	宽 7 米、宽 6 米	1965
人行桥	大沟	19+770	两墩三跨	长 22 米、宽 2 米	1987
大沟泄洪闸	小河坪堰	19+270		宽 4 米、高 3 米	1957
大沟泄倒虹管	小河坪堰	19+340		长 40 米、宽 25 米	1953
大沟渡槽	小河坪堰	19+404		长 58 米、宽 5 米	1975
机行桥	小河高坑	21+375	两墩三跨	长 23 米、宽 5 米	1986
机行桥	高坑四组	22+545	双曲拱	长 41 米、宽 5 米	1965
人行渡槽桥	黄集二组	23+569	六墩七跨	长 59 米、宽 2 米	1970
公路桥	黄集	24+299	浆砌石拱	长 23 米、宽 15 米	1970
人行桥	黄集	24+867	两墩三跨	长 23.5 米、宽 1.6 米	1969
鲤鱼桥进水闸	黄集	24+899	一墩二孔	宽 5.4 米、高 3 米	1978
人行渡槽桥	黄集	25+398	两墩三跨	长 21 米、宽 2 米	1968
二段节制闸	黄集民主交界	25+960	两墩三孔	宽 10 米、高 3 米	1970
二段机行桥	黄集民主交界	25+970	双曲拱	长 30 米、宽 4 米	1963
八卦庙渡槽	雷河七里	28+385	两墩三跨	长 27 米、宽 1.8 米	1973
七里庙渡槽	雷河七里	29+067	两墩三跨	长 16 米、宽 0.6 米	1965
机行桥	七里庙	29+250	双曲拱	长 28 米、宽 4 米	1965
谭湾渡槽	七里庙六组	29+726		长 24 米、宽 1.6 米	1965
人行桥	七里庙八组	30+474	一墩三跨	长 17 米、宽 2 米	1970
黎岗渡槽	雷河辛常	31+200	两墩三跨	长 21 米、宽 1 米	1973
宜刘公路桥	雷河辛常	31+387	一墩二跨	长 13 米、宽 6.5 米	1968
人行渡槽桥	周岗九组	32+768	两墩三跨	长 23 米、宽 2 米	1972

名称	位置	桩号	结构	规格	建设年份
机行桥	周岗拖锹沟	32+730	两墩三跨	长 23 米、宽 5 米	1986
人行桥	周岗二组	33+315	两墩三跨	长 19 米、宽 2 米	1970
机行桥	周岗村	33+830	双曲拱	长 20 米、宽 5 米	1967
三段泄洪闸	周岗村罗家坡	34+822		宽 3.3 米、高 2.1 米	1955
襄沙公路桥	原种场	36+180		长 10 米、宽 9.5 米	1968
三段节制闸	郑集魏岗	37+462	一墩两孔	宽 4 米、高 2.7 米	1970
官沟人行桥	郑集魏岗	37+804	双曲拱	长 17 米、宽 2 米	1973
官沟人行桥	郑集魏岗	38+069	两墩三跨	长 16 米、宽 2 米	1955
机行桥	陈岗	38+864		长 12.6 米、宽 4.5 米	1974
黄湾机行桥	槐营	39+764	一墩二跨	长 17.5 米、宽 5.5 米	1982
槐营机行桥	槐营	40+844		长 8 米、宽 7.3 米	1968
十二节制闸	槐营	41+111	一墩二孔	宽 3 米、高 2.2 米	1953
机行桥	槐营九组	41+886		长 11.5 米、宽 4 米	1968
赤湖机行桥	赤湖一组	43+254		长 6 米、宽 4 米	1973
机行桥	赤湖二组	43+668	双曲拱	长 7 米、宽 4.2 米	1965
大队机行桥	赤湖岗	44+205		长 11 米、宽 4.2 米	1970
武垱湖进水闸	赤湖	44+603		宽 1.5 米、高 1.5 米	1962
护州人行桥	护州村	44+840	一墩二跨	长 7 米、宽 4.7 米	1976
小人行桥	护州村	45+180	一墩二跨	长 7 米、宽 1.5 米	1976
人行桥	护州村	45+851	二墩三跨	长 7 米、宽 2.5 米	1976
人行渡槽桥	护州村	46+271	一墩二跨	长 7 米、宽 1.5 米	1975
一队人行桥	护州一组	46+584	一墩二跨	长 7 米、宽 3.4 米	1973
一队人行桥	护州一组	47+348	二墩三跨	长 8 米、宽 4 米	1976
一队渡槽	武垱湖一组	47+510	二墩三跨	长 10 米、宽 0.5 米	1965
二队渡槽	武垱湖二组	48+081	一墩二跨	长 10 米、宽 0.5 米	1970
机行桥	武垱湖村	48+184	一墩二跨	长 7.5 米、宽 4.4 米	1976
节制闸	武垱湖望岗	48+550		宽 4 米、高 2 米	1974
跌水闸	望岗	49+246		宽 3.5 米、高 1.6 米	1965

襄阳长渠

渠如长藤陂塘连

田有沟洫灌与排

第四章 世界灌溉工程遗产与襄阳长渠

第一节 申遗之路

为更好地保护、传承好"长渠"丰富的水文化；更好地宣传好、发扬好"长渠"无声奉献的灌溉精神；更好地落实好、贯彻好新时代下"长渠"承载的绿色发展内涵，襄阳市三道河水电工程管理局于2016年10月正式启动长渠"世界灌溉工程遗产"申报工作。文物部门在长渠灌区发现了多处古文化遗址和古墓群，不断出土的流域内文物以及长渠现存的古"陂渠"等众多实证，为荆楚地区楚文化与地方历史文化的研究工作，提供了重要的历史资料和实物证据。

2017年4月13日，时任湖北省政协常务副主席陈天会到襄阳市三道河水电工程管理局辖属长渠实地调研。在充分肯定三道河水电工程管理局在长渠的遗产保护、水情教育等方面取得的成绩的同时，他指示：长渠历史文化悠久，三道河一定要高度重视，统筹协调遗产的挖掘保护和开发利用；夯实基础，高点定位，科学规划，加快白起文化品牌的创建步伐，打造长渠历史文化名片。

2017年7月12日，湖北省第三家省级水情教育基地——长渠基地在长渠渠首挂牌。省水利厅党组成员、副厅长唐俊，襄阳市水利局党组书记、局长陈启合为基地授牌，并勉励长渠基地积极

传承厚重历史、充分发挥科普功能，开拓一条湖北水情教育的"新渠道"。

2017年8月17日，水利部水情教育中心副主任邓淑珍一行亲临三道河调研指导申请国家水情教育基地工作，途中参观长渠文化遗址及碑阁。

2018年1月，国家水利排灌工程遗产评审时，长渠在全国近百个竞争项目中名列第四。3月，国家申报世界灌溉工程遗产专家组第四次来到南漳和宜城为长渠申遗搜集资料。经过近两年的艰辛努力，长渠顺利通过国际国内多次专家评审。

2018年8月14日，在加拿大萨斯卡通召开的国际灌排委员会第69届国际执行理事会上正式宣布，湖北襄阳长渠（白起渠）成功申报"世界灌溉工程遗产"。

图4-1　湖北襄阳长渠（白起渠）成功申报"世界灌溉工程遗产"

图 4-2 众多权威媒体报导

第二节 遗产标准评估

符合评选标准第 1 条：长渠工程体系 5 世纪时已见于记载；遗存的石碑至少 700 年历史。

符合评选标准第 2 条：基本保留了传统的低坝蓄水、泄洪、侧向引水、长藤结瓜的工程型式，古今渠线基本一致，保存了记载治水与管理制度的碑刻，延续使用了灌溉管理制度等。

符合评选标准第 3 条：长渠的修建是襄宜地区灌溉农业发展的里程碑，为区域社会经济发展发挥了基础支撑作用。自两宋以来长渠持续发挥效益，历史上灌溉面积最多时曾达"万顷"。极大地促进了汉江地区社会稳定、经济发展，带来了粮食生产的丰收。

目前灌溉面积202平方千米，粮食年总产量25万吨。

长渠是顺应自然、布局科学的灌溉工程典范。长渠工程为低坝自流引水；渠道历经多次重修，古代干渠的路线与现在的干渠路线大体一致。

长渠工程在其建筑年代是一种创新，为水资源利用方式、工程规划与建筑技术发展做出了贡献，蓄水和水量调节工程具有独特性和可持续性。长渠创造了"陂渠串联"的灌溉方式，多源引水，长藤结瓜，以高蓄下泄并联成网，互相补充水源。并且采用水门控制分水。采取的"分时轮灌"制度一直沿用至今并得到了革新发展。

长渠灌溉工程管理制度具有中国传统文化烙印，是可持续运营管理的典范。历史上长渠多次因为战争失修废弃，在恢复和平后又恢复重建。11世纪时宜城县令孙永重修了工程，还建立了灌区民间自治、政府督导的管理制度。12世纪时，出于军事屯田的需要，南宋中央政府对襄宜灌区灌溉工程的修治和管理极其重视，皇帝多次亲自下诏修整，政府与军队共同管理这一区域的灌溉工程。13世纪至20世纪初以来，一直沿用官方与民间自治结合的管理体系。历史上遗留下来的碑刻碑文记载了长渠的发展历程、世代相传的用水制度。

第三节　保护利用思路

做好长渠的保护与利用，有效维护长渠文化遗产的重要价值、真实性和完整性，对于传承优秀传统文化，促进鄂西北区域经济、社会、文化、旅游的可持续发展，具有十分重要的意义。

长渠灌溉工程遗产的保护和利用，具有突出的经济效益、生态效益和社会效益。

长渠的可持续保护、利用和展示，将持续保持并发展其农业灌溉效益；长渠文化品牌的培育和提升，将有效带动区域旅游业发展、研学游产业发展、高品质农业及农旅结合发展，拓展增收渠道，并将进一步大大提升长渠及襄阳的文化影响力，对长期支撑区域社会经济文化可持续发展具有战略意义。

长渠水利工程维系着灌区的安全及生产、生态环境，对其可持续保护、利用，将持续发挥其生态功能，对灌区生态环境保护具有长期影响，生态效益显著。

长渠文化资源独具特色、文化内涵极其丰富，地理环境及水利工程的发展衍生了内涵丰富的区域文化。通过加强遗产的可持续保护、利用和展示，将显著提高长渠乃至襄阳在国际、国内的知名度和影响力，具有显著的社会效益。

一、现状评估及存在问题

（一）保存现状

工程遗产：主要包括渠首枢纽、渠道工程、调蓄工程。

渠首枢纽。长渠渠首保存较好。

渠道工程。近年来随着续建配套与节水改造项目的不断实施，长渠整个渠道进行了维修改造。在高边坡、深挖方、地质差地段采用矩形和梯形复合断面，在地质好、挖方小的渠段沿用了改造以前的梯形断面。但部分渠道损毁严重，渠道淤塞，渠系配套建筑物损毁、部分渠堤欠高。如永丰渠目前仅灌溉车家店、田家营两个村 2302 亩农田。而田家营（部分农田）、张林、大山、张家营只能靠 8 个提水泵站提水灌溉，成本高且远远不能满足农田用水需求，部分农田因灌不上水，只有起旱或闲置。

调蓄工程。安乐堰工程保存较好，周边环境较差。木渠存留有一些调蓄工程遗址或遗存，如西湖等。

非工程遗产：目前，长渠有关碑刻集中保存在渠首的白起碑阁，渠首长廊也展示有部分遗迹遗物，如长渠庙宇类构件、灌区民众生活类物件、陂塘类史迹等。

（二）保护现状

目前，长渠世界灌溉工程遗产的保护主要包括水利工程保护和文物保护两方面。其中的渠道及渠系建筑物等工程主要由水利部门按照水利工程保护的相关法律法规、规章制度实施保护维护，主要目标为工程结构安全和功能正常发挥。已列入湖北省文物保护单位的部分工程和相关的文化遗存由文物部门依据相关的文物保护管理办法实施保护。

（三）利用现状

长渠至今仍在发挥不可替代的灌溉、供水、排涝、生态等水利功能。至今仍灌溉着南漳、宜城的 6 个乡镇以及襄阳市清河农场、南漳县林场、宜城市农科所、宜城市原种场等 4 个农林牧场30.3 万亩耕地。此外，近年来灌区的旅游业也得到了一定程度发展。南漳县水镜湖、水镜庄、徐庶庙与襄阳古隆中连成一条三国文化旅游热线；三道河水镜湖国家水利风景区、三道河水库水土保持科技示范园、长渠国家水情教育基地、长渠绿色廊道、高康美食长廊、楚皇城城址展示馆、鲤鱼湖湿地公园连成一条水文化和水生态及绿色美食的旅游热线。不仅增加了地方收入，而且大大提高了灌区的知名度。

（四）管理现状

目前尚无明确的长渠世界灌溉工程遗产管理机构。长渠世界灌溉工程为襄阳市三道河水电工程管理局负责管理。下设渠首管理所和第一（大沟）管理段、第二（黄集）管理段、第三（官沟）管理段，以及长渠灌溉试验站、鲤鱼桥水库管理所和胡岗水库管理所。由于长渠也是湖北省级文物保护单位，存在部门职能交叉，管理"两张皮"问题时有发生。如在渠道和渠堤日益突出的滥搭乱盖问题已对长渠造成极大破坏，但水利管理与文物管理保护之间难以达成共识。

（五）展示现状

在长渠渠首修建有白起碑阁，收藏宋元以来有关长渠的碑刻；另修建有长廊，展示长渠庙宇类构件、灌区民众生活类物件以及陂塘类史迹。渠首有湖北省文物保护单位和国家水情教育基地的标志牌。此外，在宜城市博物馆，有秦将白起拔鄢展厅。但尚无专门的博物馆或专题展陈场馆，现场展示体系也尚未建立，网络上也没有专门的展示宣传平台。

长渠灌溉工程遗产现状主要存在如下几方面的问题：

一是缺乏统一保护与管理。长渠作为一个完整的灌溉工程遗产体系，目前尚未建立起切实有效的世界遗产统一保护与管理，水利部门主要在用水利工程新系统来管理和保护。而文物保护部门则由于专业局限，未能进行有效维护，因此亟需在实施层面建立统一有效的世界灌溉工程遗产保护管理体系，加强相关部门对长渠历史文化价值和现实功能效益的充分认识，在市政府层面建立起统一管理和保护、运营的机构，将遗产保护管理与水利工程管理运营维护相结合。

二是遗产文化社会服务价值尚未发挥。目前长渠的水利历史文化挖掘与展示、宣传不够，作为世界遗产和国家水情教育基地，其传承历史、传播文化的社会服务功能尚未发挥，遗产文化展示传播平台不多、展示传播手段贫乏，如主题文化旅游、研学游、文化创意产品等面向社会商业性质的相关文化产品尚未开发，社会服务层面的长渠文化品牌尚未形成。

三是遗产现状保护不佳。长渠作为世界灌溉工程遗产，目前部分渠水、渠道、渠堤环境脏、乱、差，渠道沿线市民、村民自觉保护世界灌溉工程遗产的环保意识不够。

四是遗产保护缺乏经费保障。长渠作为世界灌溉工程遗产，目前遗产保护投入与实际资金需要存在较大缺口，造成遗产环境整治不够，保护不力，问题突出。需要设立专管经费，实施有效保护措施，充分发挥遗产的各种社会服务功能。

二、遗产保护思路

系统规划。长渠灌溉工程遗产是由水利工程、相关文化设施及遗产生态环境共同构成的价值系统，要进行有机融合、系统规划、统筹实施、梯次推进。在实施遗产本体保护的同时，注重遗产区域自然与人文环境整体协同保护，使工程遗产与自然景观、文化景观共存共生，丰富区域景观层次。

功能优先。长渠灌溉工程遗产主体是仍在发挥灌溉、分洪排涝、供水、生态等功能的水利工程，实施遗产的保护和利用，要充分保障现有在用遗产的使用功能，确保遗产的灌溉等水利功能及其延续至今的经济、社会、文化、生态价值持续发挥，结合遗产文化展示发挥遗产综合社会服务功能。

科学保护。充分认识长渠灌溉工程遗产与一般文物和现代水利工程的特征差异，分类施策，科学制定不同类型遗产要素的保护原则、保护措施、修复标准、利用方式等规划，具体工作实施方案的制定要以研究为基础，保障长渠灌溉工程遗产得到科学、有效和长远的保护。

合理利用。在优先保障灌溉等水利功能发挥和有效保护的前提下，科学论证遗产保护利用措施，与区域农业产业、文化产业、旅游及水情教育相结合，与区域其他历史文化资源保护利用等统筹结合，积极推进遗产文化资源的综合利用和社会文化服务功能发挥，促进灌区文化建设和生态环境改善，使遗产保护利用工作在区域经济发展中发挥更大作用。

（一）保护措施

设置保护标志：包括设置长渠灌溉工程遗产保护标志、保护范围界碑或界桩、保护说明牌或碑等。

保护标志的设置应符合有关规定。保护范围与河道管理范围或其他保护界线重合的，应结合设置。界限标志可采用多种方法和手段，如保护标志碑、界桩、界碑、地貌标志、植被标志、工程标志等。

标志设施应对所保护的遗产要素的类型做出标志和说明。各种标志和说明牌，其色调、体量、造型等应当与灌溉系统传统风貌相协调。

（二）现状信息保存

现状信息采集与保存是遗产科学保护的主要措施之一，建立长渠灌溉工程遗产数据库和网络信息平台是保护遗产真实性的重要基础性工作，应结合遗产调查与研究进行。以全面采集现存实

物信息为前提，并落实信息记录、管理和研究，使现存历史信息获得真实、全面的永久保存，同时为遗产影响评价、遗产监测、展示传播、文物复制、遗产研究提供详实、准确的量化数据。

（三）风险防范

灾害防治：主要针对洪水灾害，应贯彻"全面规划、综合治理、防治结合、以防为主"的防洪减灾方针，科学确定防洪标准。

遗产安全防范工程：完善遗产的防护设施，清除植物病害，加强对建设性破坏的监测监管，关键遗产工程建立安全技术防范报警系统。

遗产除险加固：遗产保护巡视检查；清淤疏浚、堤防闸坝维修等工程措施应保护渠道性状及岸域环境；水环境保护；重点遗产编制专题方案。

（四）遗产监测

结合水利信息化建设加强遗产监测。实行监测巡视制度，建立遗产监测体系。遗产管理机构负责日常监测和相关记录工作，搜集数据，整合信息，完成评估报告。

（五）技术要求

1.保护工程是对遗产进行修缮和相关环境进行整治的技术措施，包括日常保养、防护加固、现状修整、重点修复等。

2.每一项工程都应当有明确的针对性和预期的效果。所有技术措施都应当记入档案保存。

3.各项保护工程必须坚持不改变遗产原状的原则，真实、完整地传递历史信息。

4.强调遗产要素的主体地位，同时必须加强对历史环境要素的保护。

5.加大科技保护力度，提高保护措施的科技含量。

（六）维护及修复

遗产修复措施要求有历史材料、考古及研究根据；维护及修复方案经过科学论证；使用原材料、原工艺，实施技术资质控制；适度修复，项目适度、目标适度、措施适度；与水利工程除险加固、改建、维修计划结合。

以翔实的史料、调查研究资料、材料分析为依据；有扎实准确并经论证的加固维修方案；有与原结构相同的材料和可行的加工工艺；由具有相关资质的专业队伍进行施工。

渠道岸线、关键工程发生垮塌的，应清理加固或重做基础。尽量采用传统材料。

遗产维修与修复，应注重遗产及区域环境的历史风貌。

三、遗产利用思路

长渠属于活态遗产，遗产的科学利用是对其最好的保护。遗产利用按照"延续水利功能、加强面上管控、做好节点建设、综合可持续利用"的基本框架，结合遗产区域经济社会发展需要特别是对历史文化社会服务的需要、水利现代化建设，保障长渠工程体系安全和灌溉、供水、分洪排涝、生态等基本水利功能的可持续发挥。

（一）利用原则

以遗产保护与工程安全为前提。对遗产的利用以不损坏遗产为前提，保障工程整体安全。涉及遗产的景区建设、旅游项目要适度、有序开发。

以可持续利用和保障水利功能发挥为基础。与襄阳市经济社会发展战略规划相对接，保障长渠的综合水利功能和可持续利用，逐步恢复传统生态堤岸。

以发挥遗产文化品牌效益为侧重。要大力培育长渠及灌溉工程遗产文化品牌，引导灌区文化旅游和特色优势农产品等相关产业使用遗产品牌，助力社会经济发展。

（二）利用方式

水利功能可持续发挥。水利功能可持续发挥是长渠灌溉工程遗产保护利用的核心。以适应社会经济发展要求、保障防洪与生态安全、保护遗产环境为基础，通过对遗产工程的科学维护和管理，保障灌溉工程遗产灌溉、供水、分洪排涝、生态等水利功能的可持续发挥。

遗产展示及社会服务。进一步挖掘与系统展示长渠的历史、科技、文化价值，充分发挥国家水情教育基地平台作用，是长渠灌溉工程遗产发挥科普教育社会服务功能的主要方式。通过遗产展示体系建设，包括遗产展陈场馆体系建设、遗产现场展示设施建设、遗产文化景观建设，以及拓展遗产价值宣传渠道等措施，提升遗产展示利用及社会服务功能。

遗产文化品牌培育及应用。深入发掘长渠灌溉工程遗产的国际名片和文化品牌价值，将水利文化、灌溉农业文化与区域其他文化结合、融合，培育长渠文化品牌、商业标志，为灌区各类农业产品、旅游产品、特殊美食、环境景观、文创产品等注入历史文化内涵，引导相关产业有序发展，使遗产文化成为促进社会经济发展和人民生活质量提高的积极力量。

深度挖掘利用长渠和世界灌溉工程遗产国际名片的商业价值，积极组织申请长渠遗产标志版权、有关商标等登记注册。

全域旅游开发。充分利用长渠的历史文化价值，以建设提升长渠国家水情教育基地和文化长廊为抓手，突出长渠的文化科普社会服务功能，整合长渠灌区内及周边各类文化资源，促进长渠全域旅游及特色研学游发展，建设一批以水利文化展示、水情教育、休闲农业、互动体验等为主题和特色的特色文化旅游示范区，发挥文化集聚优势，形成历史文化与生态景观相融合、多样文化观览与休闲体验相结合的长渠特色全域旅游品牌，形成以长渠灌溉工程遗产为主体、水利历史文化为特色，内容多样、内涵丰富的全域旅游精品线路网络。

（三）水利功能可持续发挥

保障水利功能可持续发挥。保障长渠的防洪、灌溉、生态等水利功能的持续发挥，加强长渠防洪灌溉体系建设，保障水利工程安全。

加强灌区水环境整治与水生态修复。在满足工程水利功能要求的基础上，以水利历史文化传承和遗产保护为出发点，保留具有代表性的渠道形状及岸域生态环境。以混凝土衬砌的渠段，结合今后维修改造工程实施，对具备条件的渠段逐步恢复生态岸域。渠道绿化应尽量采用本地传统护岸树种，形成沿渠生态绿道。对具有历史价值的渠系工程等，维护建设、升级改造时要以保护加固历史结构优先，避免盲目改建、扩建。

加快水利信息化建设。建设完善长渠水利工程各类信息采集点、测控点、视频监测点及其通信网络和综合应用平台，实现灌区水利信息网络全覆盖。

（四）遗产展示宣教体系建设

遗产历史、科技、文化的系统展示，是长渠灌溉工程遗产发挥科普教育社会服务功能的主要方式。通过遗产展示体系建设及其历史文化科技资源深度挖掘，全方位、多渠道宣传展示灌溉工程遗产历史文化、水利科技、效益价值，提升遗产国内、国际知名度和影响力，彰显遗产文化服务功能。

通过构建包括遗产的互联网传播、场馆集中展示和遗产本体实地展示的系统展示平台，形成多渠道、多形式、互为补充的长渠灌溉工程遗产展示体系。

1. 遗产展示体系布局

网络展示体系建设。建设长渠灌溉工程遗产中英文网站、水利数字博物馆和微博、微信公众号等水利文化网络传播平台，及时推送遗产相关动态消息和研究成果，拓宽遗产宣传、教育渠道，提升遗产国际、国内知名度和影响力。

展示场馆体系建设。建设长渠文化展陈馆和长渠世界灌溉工程遗产文化馆（长渠管理处），作为灌溉工程遗产展示宣传的核心平台，集中展示长渠灌溉遗产历史与现状，兼作遗产统一管理的办公场所。

遗产本体实地展示体系建设。充分发挥遗产本体的历史文化载体作用，结合渠道建设和全域旅游发展，通过设立展示说明牌、建设水利文化公园、遗产公园、遗址公园等，分类展示长渠灌溉工程遗产各代表性历史遗存、重要工程节点等的历史文化和水利科学技术，构建"点—线—面"多层次遗产现代展示体系。

展示体系规划布局。以渠系为脉络，串联长渠灌溉工程遗产及周边其他遗产代表性节点，打造"一轴、三核、多点、全域"的旅游景区（"一轴"即长渠干渠，"三核"分别为：渠首、三道河管理处、安乐堰），将长渠建成主题突出、特色鲜明、内涵丰富、环境优美、游览便利的全域水利遗产保护展示基地。

2. 遗产展示方式

数字化展示。运用现代化信息技术，通过网络数字博物馆及场馆内的数字化模型、VR实景体验等措施，生动形象展示遗产历史演变脉络、传统水利工程结构型式、灌溉用水调度规则及工程运行机制。

展示牌。围绕展示馆、工程遗产和实地遗产，建设遗产标示展示体系，通过文字、图片、表格等平面形式，展示遗产的历史、科技和文化。

专题展陈场馆。建设长渠博物馆及三个专题展陈馆（文化展陈馆、世界灌溉工程遗产文化馆、长藤结瓜科普馆），作为遗产历史文化科技的集中展陈场所，外观风格要与长渠传统文化相契合，以多种形式深入、系统地展示遗产的历史沿革、文化遗存、工程结构以及运行原理等。

3. 开展水利文化专题科普教育和宣传工作

建立长渠遗产专题官方网站、微信、微博公众号等，在襄阳市水利和湖泊局等网站、公众号上设立长渠专栏。加强与主流媒体联系沟通，充分利用电视、报刊、广播、网站、手机App等各类媒体持续加强宣传报道。

出版长渠灌溉工程遗产旅游攻略。编纂出版长渠旅游地图和研学游攻略，并将其作为襄阳市重点项目进行推介宣传。

举办遗产区摄影大赛，制作遗产宣传片。同各大主流媒体寻求合作，拍摄发布系列遗产宣传片，进一步展示长渠历史文化风貌。

出版遗产故事绘本和研学游。针对学前及中小学生受众，编写长渠系列故事绘本、科普读物、水情教育、生态教育和研学游等丛书，弘扬和传承悠久的水利史、水文化。

开展研学游活动。将长渠水利建设、水情教育、农业开发、旅游发展等相互融合，以中小学校、大中专院校学生为主体，开展研学游活动，切实增进对区域水利历史、文化及其治水理念的认识、认知和认同。

组织开展水利、农业相关节庆活动。深入挖掘长渠河神祭祀等各类水神崇拜、民俗节庆历史文化，充分发挥龙舟赛等特殊水事文化习俗的影响力，结合旅游、民间祭祀、民间赛事等各类活动，传承弘扬长渠水利历史文化，丰富工程遗产展示形式。

在各类区域历史文化丛书中增加长渠系列，努力增强民众的遗产保护意识，实现遗产保护利用的共管、共建、共享。

四、完善管理体制

长渠保护和管理涉及部门众多，结合国家相关遗产保护管理经验，必须建立部门统筹管理的工作机制，加强遗产保护管理协同，提升遗产挖掘、保护、管理、展示以及国内外交流合作工作的整体水平。

机构完善与管理职能。在襄阳市政府层面成立"长渠世界灌溉工程遗产保护管理委员会"，成员单位包括市三道河水电工程管理局、水利和湖泊局、发展改革局、财政局、自然资源局、规划局、生态环境局、文化和旅游局、农业农村局、档案馆（地方志办）等相关部门及南漳县、宜城市政府，协同做好长渠的保护、利用及其监督管理工作。委员会办公室设在市三道河水电工程管理局，负责委员会日常事务。

"长渠保护管理委员会"统一负责长渠灌溉工程遗产的保护、

利用和管理工作，组织制定相关法律法规、规章制度、技术标准，建立完善遗产管理体系，推进遗产文化宣传教育、文化产业开发和引导，以及专业梯队的培训建设。遗产范围内的相关规划，涉及工程遗产管理、保护和利用的，必须经委员会审查通过后方可实施。

赋予水行政主管部门灌溉工程遗产保护与管理职责，依法依规行使管理职权，履行遗产保护职责，保证遗产功能可持续发挥。

管理制度建设。坚持"依法保护、合理利用、统一管理"的原则，推动襄阳市人大制定颁布《长渠世界灌溉工程遗产保护条例》，明确遗产本体及其周边环境保护利用的总体目标、基本原则、保护要求、管理权属、审批程序、维护责任、保障措施等内容。

制定《长渠世界灌溉工程遗产管理章程》。工程设施按照水利工程及文物管理相关要求，制定相应巡查管理规定。同时，制定社会公众应当遵守的遗产保护管理公约。

管理机制创新。结合全面推行河长制工作，通过制度化、标准化等措施，推动遗产管理的"河长制"建设，强化遗产保护管理责任。

将遗产管理工作纳入政府部门工作考核中，制定考核管理办法，逐年确立遗产保护利用相关工作的年度目标和考核指标，并分解到各单位，由遗产管理委员会对各成员单位遗产保护管理工作进行年度考核。

建立健全保护管理机制，统筹做好遗产的科学保护利用工作。

五、深化遗产研究

进一步加强长渠灌溉工程遗产基础研究及保护利用应用技术研究，积极探索开展工程遗产多学科、多领域协同研究，为遗产保护和利用提供科学支撑。

（一）遗产保护利用专题研究

对长渠重要渠段、重要渠系建筑物工程遗址等进行考古研究，进一步挖掘长渠工程历史文化，收集相关碑刻或工程建筑构件遗存，为长渠研究提供考古支撑。

结合国家和湖北省自然科学基金或社会科学基金课题，或利用水利、文化专项研究经费，设立专项研究课题，与国内有关专业研究机构合作开展长渠灌溉工程遗产基础学术研究和遗产保护利用应用技术研究，为长渠遗产保护、利用、管理、展示提供科技支撑。

（二）研究成果推广应用

长渠遗产科普宣传与教育。挖掘长渠灌溉工程文化，出版图书音像制品，加强长渠灌溉工程文化宣传教育。

长渠遗产保护专题学术研讨。与国内外相关高校与科研机构联合，定期组织举办学术交流活动，组织国际研讨会，邀请国内外专家围绕灌溉遗产专题建言献策，从战略导向、价值理念、技术方法以及管理机制等方面，加强遗产保护利用思路、对策的研究。

长渠遗产特许商品开发策划研究。通过深入研究灌溉工程遗产品牌，设计、生产与遗产工程技术、历史文化等相关的特许商品，加强遗产的宣传和推介，打造长渠工程灌溉农业生态产品特色品牌。

（三）科技支撑创新机制

与国内外相关专业研究机构联合设立长渠灌溉工程遗产保护利用相关研究示范基地，共同开展专项研究和技术应用。设立长渠灌溉工程遗产保护咨询专家委员会，聘请国内外有关领域知名专家担任科学顾问，定期对遗产保护、利用和管理等工作进行咨询指导。

结　语

　　长渠工程兴建以来，在灌溉、防洪排涝、生态农业等方面发挥了显著的经济效益。2000多年来，长渠极大地推动了襄宜平原的农业发展和经济建设，使该地区成为了汉江中游著名的粮仓。目前，长渠的主要效益在于灌溉与防洪方面。

　　长渠在历朝历代都进行过大大小小的工程维修，不断改善管理办法，使它历经2000多年的自然地貌演变而不湮没。特别是自汉唐以来长渠持续发挥效益，极大地促进了汉江地区社会稳定、经济发展，带来了粮食生产的丰收，养蚕植桑、种棉纺线的兴盛，渔牧业的发达。

　　北魏郦道元著《水经注》记长渠（白起渠）灌3000顷，木里沟（木渠）灌700顷。据《五曹算经》载，当年亩法为240步，一亩约合今0.8市亩。以此推算，长渠灌3000顷等于24万亩，木渠为5.6万亩。宋人郑獬著《襄州宜城县木渠记》说，汉南郡太守王宠复凿蛮水与之合，于是灌田6000顷。汉时，一亩约合今0.7市亩，6000顷即42万市亩，这是长、木二渠两个灌区连成一个灌溉系统后共灌的面积（今长渠控制面积约50万亩，实灌面积统计数字为30.3万亩），《木渠记》还说："至曹魏时，夷王梅敷兄弟于其地聚民万余家，据而食之，谓之粗中。故当时号粗中，为天下膏腴。吴将朱然尝两提精兵争其地，不得。"南宋绍兴三十三年（公元 1162 年），汪澈主持修复长、木二渠后，在灌区内设 38 屯从事屯垦，年收谷 70 万斛约合今 3960 万斤，即 1980 万公斤。元大德六年（公元 1302 年）李英主持修复后，二渠灌溉之利延续 100 多年，直到 15 世纪才渐次湮废。

　　新中国成立后，复修的长渠累计向南、宜两县市提供农业和工业用水 140 余亿立方米，灌区粮食年总产量达到 2.5 亿公斤，充分发挥了水利工程兴利除害作用，为抗御旱涝灾害，确保粮食生产安全，实现农业增产、农民增收发挥了重要作用，取得了巨大的经济、社会、生态环境效益。主灌区所在的宜城市被称为农业"小胖子"县，是全国第一批吨粮田、全国 484 个优质粮工程县（市）之一，为襄阳市成为长江流域第一个粮食总产过百亿斤的粮食大市做出了突出贡献。

附　录

长渠大事年表

时间		事件
公元纪年	历史纪年	
战国		
公元前 279 年	秦昭王二十八年	秦昭王遣大将白起攻楚。白起取"以水代兵"之术，于今南漳县武安镇旁蛮河河段上拦河筑坝，开渠引水，攻破楚都鄢城。所开之渠即长渠，后被利用灌溉南漳、宜城农田。
东汉至南北朝		
公元 190 年前后	汉献帝初平元年前后	南郡（今襄阳）太守王宠率众扩修木渠，使楚木渠与长渠相通。
唐朝		
公元 769 年	唐大历四年	山南东道（辖襄州、随州）节度使梁崇义修复武安堰，立祠宇。
公元 813 年	唐宪宗元和八年	李吉甫撰《元和郡县图志》，该书是我国现存最早的地理总志，其在山南道襄州长渠条目中记载："长渠，在县南二十六里，派引蛮水。昔秦使白起攻楚，引西山谷水两道，争灌鄢城。"这是关于长渠就是白起渠的最早记载。
宋朝		
公元 999 年	宋真宗咸平二年	京西转运使耿望，"调夫五百筑堤堰"，修长渠，屯田，是岁种稻三百余顷。
公元 1055 年	北宋至和二年	宜城县令孙永主持修长渠，并制定管理制度，"与民为之约束"。

时间		事件
公元纪年	历史纪年	
公元 1073 年	宋神宗熙宁六年	王安石变法时，曾巩任襄州州官，巡视长渠及木渠灌区，写下了《襄州宜城县长渠记》。
公元 1133 年	南宋绍兴三年	金军占领襄（阳）、郢（钟祥）、随（州）等州，长渠及木渠灌区遭严重破坏，二渠同时湮废。
公元 1162 年	南宋绍兴三十二年	参知政事督视湖北、京西路军马汪澈派人复修长渠。组织军民屯田，设立三十八屯，共灌田七千顷，年收谷七十余万斛。
元朝		
公元 1279 年	元世祖至元十六年	屯田官刘汉英等呈报长、木二渠情况，元朝政府把长木灌区划属大护国寺的固定产业，租课作为该寺院活动经费。20 年后改属提举司管辖。
公元 1302 年	元成宗大德六年	中政院同金李英奉旨用国库款招募民工重修武安、灵溪二堰。
公元 1310 年	元武宗至大三年	长渠因大水冲决，郡守何文渊檄提举赵琦缮主持补修。
明代		
公元 1573—1620 年	明神宗万历年间	南漳县令董志毅主持复修灵溪堰。
清代		
公元 1715 年	清康熙五十四年	南漳县令王霖主持修复灵溪堰。
公元 1808 年	清嘉庆十三年	宜城士民王载、鲁桂元等，呈请复修长渠。南漳县武安镇经理首士、生员苏光德和候选左堂朱辉烈等上奏："断不可疏凿"。湖广督宪潘宪常批：将王载等控词注销。宜城县令葛桂芳被降级去任。
公元 1860 年	清咸丰十年	宜、南两县士民为修长渠发生械斗。抚、道府断案立碣："奉承宪禁"。宜城县令袁秉亮被撤职。

时间		事件
公元纪年	历史纪年	
公元 1906 年	清光绪三十二年	宜城县令杨文勋提出修武安镇至小河镇之间车马路,闸清凉河、不闸县河等变通办法修长渠,两度与南漳县交涉未果。
中华民国		
公元 1939 年	民国二十八年	4 月,国民党第五战区右翼兵团总指挥、三十三集团军总司令张自忠驻节宜城县赤土坡,军事余暇,在民间调查了解长渠情况。 6 月 29 日,张自忠以敬秘电致湖北省主席严立三,倡议修复长渠。 7 月 6 日,省建设厅致电襄阳专署及南、宜两县府,转告南漳公民反对修长渠之情,指示专署速派员实测具报。 月底,张自忠奉召赴重庆述职。武安镇反对修长渠的绅士,通过武安镇青洪帮头夏明三行贿三十三集团军一八〇师师长刘振三。刘振三致电张自忠,提出反对修长渠八条理由,并以陆军一八〇师司令部法字第四号代电,将"八条理由"转襄阳专署及南漳县财委郭近民等。 11 月 16 日,省建设厅接襄阳专署转呈的一八〇师致张自忠的文稿后,分电襄阳专署和南、宜两县府,指示长渠一案暂缓办理。
1940 年	民国二十九年	5 月,日军发动枣宜战役。16 日,张自忠以身殉国,他倡议修长渠一案,生前未能获准。
1942 年	民国三十一年	2 月,宜城人再次动议复修长渠。县长张文运致电省政府,请派勘测队测量长渠。 4 月初,湖北省第二水利工程队队长王守先率队勘测长渠,并拟定工程计划。 9 月 15 日,湖北省政府召开修复长渠工程会议,会议决定立即动工兴修。10 月 3 日,主席陈诚批准开工。 11 月 16 日,长渠工程宜城段动工。

时间		事件
公元纪年	历史纪年	
1943 年	民国三十二年	1 月 13 日，南漳段破土动工。 5 月，农忙停工，9 月复工。 5 月 16 日，长渠督工处更名"荩忱渠督察工程师室"，为纪念倡修人张自忠将军。
1944 年	民国三十三年	7 月，因经费困难，荩忱渠督察工程师室修订工程计划，缩小规模。 12 月 1 日，宜城人告发县长张文运贪污长渠公款，经省法院审讯，判处死刑。 是年 5 至 8 月，长渠灌区干旱 120 多天。
1945 年	民国三十四年	3 月 1 日，宜城县更名自忠县。 3 月 23 日，日军入侵自忠县城，24 日入侵南漳县城。途经荩忱渠工地，一切已成工程和已备器材，均损失殆尽，长渠停工。
1946 年	民国三十五年	5 月，湖北省参议会召开第一届第五次大会第十一次会议，宜城籍参议员戴慎之等 4 人提出第 31 号提案，拟请继续开挖荩忱渠，以竟全功。南漳籍参议员罗春荣提出第 101 号提案："荩忱渠勘测不实耗财病民，应否复工，建议省政府召集有关人士共同商决。" 同年，省建设厅第四水利工程勘测队丁翔云等撰写《湖北省荩忱渠计划之一斑》，叙述长渠工程缘由、资料搜集、理论根据、工程概要等。结论是"本计划成立于多灾多难之中，推行于多灾多难之中，迄今仍未脱离灾难。之后如何善后，尚待各级人士特别谅解，共作更大努力，庶乎可以早观厥成"。成为官方对长渠应否复修辩论的结果。
1947 年	民国三十六年	2 月 19 日，省建设厅厅长谭岳泉主持召开"荩忱渠复工商讨会"，议决继续开挖荩忱渠。 7 月，水利部派技正粟宗嵩赴荩忱渠工地视察，认为不要放弃，建议改变计划，节省工款，以期早日完成。 是年秋，荩忱渠在尚未完全复工的情况下，因经费无着，停工。

时间		事件
公元纪年	历史纪年	
		中华人民共和国
1949 年		1 月 18 日南漳县全境解放，21 日宜城县全境解放，5 月 16 日武汉解放。5 月 20 日，湖北省人民政府成立。9 月 17 日，原国民党在武汉的湖北省水利工程队等 5 个机关撤销，统一改编为"湖北省人民政府农业厅水利局"。 10 月 26 日至 31 日，湖北省水利局召开全省第一次水利会议。会后，即向中央人民政府水利部建议修复长渠。
1950 年		1 月，中央人民政府水利部在北京召开首次全国水利会议。会议原则通过修复长渠，责成中南水利部、湖北省水利局派员勘测，拟定工程计划。
1951 年		7 月，湖北省水利局完成《湖北长渠灌溉工程计划》。11 月 7 日，长渠工程处成立，襄阳行政区专员公署专员余益庵兼任处长，胡正培、高峰、张育梁任副处长。工程处成立后，将干渠建筑物承包给公私合营解放公司、建声建筑公司进行备料和施工准备。工程处进行宣传动员，召开南、宜两县"治渠人民代表大会"，讨论土方单价和分配任务事项，明确干渠土方是半义务和按方计资的意义。
1952 年		1 月，工程处颁发长渠工程土方施工细则。南、宜两县投入劳力四万余人，长渠土方工程全线开工。 2 月 18 日，湖北省人民政府主席兼省财政经济委员会主任李先念致电中央人民政府水利部："为争取施工时间，请速予批准计划，早拨贷款，以利工程进行。"3 月 17 日，中央人民政府水利部复函中南水利部，"长渠工程依照中央水利部批复。"部长傅作义、副部长李葆华联名批复"先拨贷款20%"。8 月 10 日，傅作义部长又签批："希就近督导，大力复工，保证如期放水。"湖北省水利局将长渠工程列为省重点工程建设。12 月，长渠干渠支渠建筑物相继完工。

时间		事件
公元纪年	历史纪年	
	1953 年	4 月 15 日，长渠工程全部竣工。 5 月 1 日，湖北省水利局、长江中游工程局共派出 12 名代表会同襄阳专署领导、南宜两县代表于渠首举行通水典礼。 5 月 2 日，在长渠工程处召开灌区受益户代表会，讨论灌溉管养、合理用水问题，并对灌溉办法形成决议。 5 月 18 日，宜城县委、县政府为纠正长渠通水之初灌溉秩序混乱现象，颁发《关于加强长渠灌溉管理的通告》，要求各区加强领导，严格执行灌溉制度。 5 月 20 日，长渠管理处成立。处内设工程、水政、总务三科。管理处隶属襄阳专署。管理处下设三个管理段，渠首由工程科代管。全处共配干部 42 人。 5 月下旬，中央人民政府水利部、中南水利部、湖北省水利局、人民银行、交通银行，分别派出 2 名代表，汇同长渠管理处和建设单位组成长渠工程验收团，对长渠工程进行验收。7 月 25 日，形成《长渠灌溉工程验收报告》。 6 月 1 日至 22 日，蛮河平均流量仅 3.2 立方米每秒。灌区旱情严重。 7 月 3 日、11 日、17 日、31 日，因蛮河上游降大雨，蛮河 4 次暴发山洪，最高洪水位超过滚水坝 1.4 米。引水口土坝被冲毁，洪水沿谢家台堤脚向下湍流，冲成两米多深的沟槽；下游南岸码头被冲毁一处；滚水坝下游张家营两个卵石挑水坝亦被冲毁。 11 月上旬，干、支渠岁修工程全线开工，至次年 4 月底完成。新挖支渠 6 条，新建莲花堰水库一座，维修干、支渠建筑物 131 处。
	1954 年	4 月 9 日，在长渠管理处召开南、宜两县受益代表大会，宜城县县长、各受益区区长和受益群众代表计 136 人与会。大会总结了 1953 年灌溉工作，确定本年度灌溉计划和工作方针，讨论通过《长渠管理养护用水实施细则》。会议之后，各段水利委员会相继建立。（此后，每年召开灌区受益代表大会，成为长渠灌区灌溉工作例会。）

时间		事件
公元纪年	历史纪年	
1955 年		是年春、夏大旱，蛮河出现有记录以来最枯流量，6月1日到21日平均流量为1.62立方米每秒，最小时为0.9立方米每秒，长渠二段以下无水。
1956 年		8月11日，灌区普降大雨，16时至次日8时，降雨248.5毫米，山洪暴发，安乐堰水库拦水坝被冲垮，引河封河堤被冲毁。9月5日，湖北省防汛总指挥部批复修复计划和拨款，襄阳专署水利局批准贷款11.5万元。 11月21日，长渠复修工程全线动工，次年4月底完工。 11月21日，灌区邬家冲小（1）型水库动工兴建，次年5月完工。
1957 年		10月，宜城县组织劳力动工兴建灌区武垱湖小（1）型水库，次年1月竣工。 11月5日，长渠岁修工程开工，次年3月完工。宜城县投入7000余劳力动工兴建长渠灌区鲤鱼桥（中型）水库，次年1月27日枢纽工程竣工。
1959 年		6月8日，襄阳专署批转《长渠灌溉管理养护用水实施办法》。 9月，襄阳专署组织南、宜两县劳力动工兴建三道河大（1）型水库，投资2586.9万元，1966年7月竣工。 10月下旬，长渠岁修工程动工，次年3月完工。渠首滚水坝加高0.7米。 11月，宜城县组织劳力动工兴建胡岗小（1）型水库，次年5月完工。
1963 年		5月8日，大雨，蛮河流量达722立方米每秒，渠首引河滚水坝与地面接头处被冲毁，雨后作临时抢险措施处置；7月1日又大雨，滚水坝下游海漫被冲毁。 是年，长渠灌溉实行"普灌制、分水制、分时制"三结合（又称"三分制"）的灌溉顺序和方法。

时间		事件
公元纪年	历史纪年	
1964 年		是年，自 1960 年冬兴起的干渠长 40 千米扩宽任务至年底完成，至此，干渠通水流量由原设计 10 立方米每秒增加到 24 立方米每秒。
1970 年		是年岁修工程，除完成干渠清淤和部分支渠改建、扩建外、完成干渠 35 千米扩宽和新建、改建渠系建筑物 64 处。干渠引水流量由 24 立方米每秒增至 35 立方米每秒。
1972 年		是年，长渠管理处行政隶属关系由襄阳专署水利局管理改属襄阳专署三道河水电工程管理局。 年底，撤销革命委员会，恢复长渠管理处领导机构。 是年，长渠岁修工程建设中，改建支渠进水闸 7 座，其他小型建筑物 20 余处。
1975 年		8 月上旬，蛮河最大洪峰流量达 1400 立方米每秒，流速超过每秒 6 米，洪水冲垮渠首岸墙护坡，冲毁桥梁一座。此次蛮河洪峰即以后称为"75·8 型特大洪峰"。
1978 年		10 月 16 日，突降大雨。长渠干渠南宜交界处渠道被洪水冲溃 30 多米。 是年灌溉季节，灌区旱情严重。自入春至 7 月，降雨量比历年平均降水量减少一半。正值水田"压青"时，干渠引水流量平均不足 5 立方米每秒，最小流量仅 3.1 立方米每秒。
1979 年		是年干旱，旱情在去冬旱情的基础上继续发展。为解决长渠供水不足，长渠管理处汇同宜城县委、县政府在灌区范围内层层动员，先后集中 966 台动力机械，日夜不停从汉江、蛮河提水，补充长渠水源，战胜干旱。
1980 年		是年，在原进水闸址增建 3 孔钢筋混凝土进水闸，进水闸由原 2 孔改为 5 孔，长渠干渠引水流量增至 43 立方米每秒。

时间		事件
公元纪年	历史纪年	
1981 年		4月19日至8月上旬,110天仅降雨135.6毫米,其中5、6两月仅降雨35.7毫米。4至9月,长渠平均流量只9.3立方米每秒。 6月15日至7月15日只3立方米每秒左右。6月21日,长渠管理处汇同宜城县委在宜城县招待所召开抗旱工作会。长渠管理处针对旱情,制定"长渠5个流量以下分时轮灌制度的暂行办法"。7月下旬以后干渠只2.36立方米每秒,干渠中、下段3次无水。灌区水库、堰塘除鲤鱼桥水库为保化肥厂生产蓄少量水外,其它均干涸。是年旱情为百年不遇的特大干旱年份。
1983 年		9月中旬连续两次降雨,上游三道河、石门两水库同时泄洪,洪峰流量达1344立方米每秒。由于受洪水冲刷,削掉渠首处河岸宽达1.7米之多。渠首滚水坝下游两岸被冲刷塌坡长600米,人行桥被冲毁,右岸谢家台大队4个小队的防洪围堤受到威胁。
1991 年		6月29日,灌区上游普降大雨。为避免灌区受损,长渠管理处采取分段节流泄洪,但上游干支渠建筑物仍有8处受损。后予整修,恢复经费达16万余元。 6月30日至7月1日,长渠灌区平均降雨141毫米,武垱湖水库付坝溃口宽5米,大坝右端泄洪闸及农用机行桥下游泄水处被毁;石头沟倒虹管下游左岸渠堤垮方长15米;武安镇夏家湾村4组沿干渠两岸渠堤垮方长100米;小河镇张咀村一组干渠右岸渠堤垮方长30米;鲤鱼桥水库进水渠混凝土护砌段30米被毁;朱市镇平堰村4组渠道左岸垮方长50米;郭家坑人行桥被冲毁;渠首泄洪道入蛮河浆砌护砌段被冲毁30米。大雨过后,采取了临时抢险措施。
1995 年		11月中、下旬,宜城市政府组织长渠灌区有关乡镇2万余劳力,进行长渠岁修清淤,同时整修长渠宜城段干渠路面,历时半个多月,是近4年来一次较彻底的岁修清淤工作。

时间		事件
公元纪年	历史纪年	
1996 年		8 月 4 日，三道河水库及其上游降暴雨，水库开始泄洪，下泄流量 650 立方米每秒，长渠渠首滚水坝滚水高度达 1.6 米。 是年，长渠灌区宜城市璞河镇首次实行按方计量，全年用水量 740 万立方米。
2000 年		是年，长渠工程建设完成渠首、木马垱、石头沟渠段衬砌 2415 米。
2002 年		3 月 5 日，长渠管理处颁布实施《长渠工程运行管理办法》。 6 月 22 日夜，灌区普降大雨，10 小时平均降雨 208 毫米，长渠渠堤多处堤段因洪水冲刷，或崩塌，或漫溢，安乐堰副坝被冲决口宽 23 米、深 2 米。次日，开始抢修。
2005 年		创建了国家水利风景区，发展生态休闲旅游。
2008 年		长渠被列为湖北第五批省级文物保护单位。2008 年启动了三道河水库除险加固工程，消除了病险隐患，提升了水旱灾害应对能力。
2011 年		创建了国家水土保持科技示范园，建成了水保典型措施展示区、人工模拟水土流失侵蚀演示区、科普长廊等十个子功能区，对园区 111.57 公顷加强保护治理。
2014 年		8 月中旬，灌区受旱水稻面积达 11 万亩。
2016 年		开展长渠申请国家水情教育基地和世界灌溉工程遗产工作。
2017 年		被授予湖北省水情教育基地。
2018 年		8 月 13 日，三道河灌区长渠（白起渠）被列入"世界灌溉工程遗产名录"并授牌。2018 年 10 月长渠（白起渠）被教育部授予全国中小学生研学实践教育基地。2018 年起逐步完善"河湖长制"，从水库上下游河道、库区、水库全覆盖，形成了"市、县、镇、村"四级河长、湖长。

襄阳长渠

渠如长藤陂塘连　田有沟洫灌与排

时间		事件
公元纪年	历史纪年	
2019 年		4 月 10 日，被命名"国家水情教育基地"。
2020 年		被省河湖长制办授予碧水保卫战"示范水库"称号，全面完成了划界确权工作。
2021 年		编制新一轮"三道河水库—河（库）一策"实施方案（2021—2025 年），并开展了健康河湖评价，评价结果为二类河湖，为健康状态。
2022 年		面对 60 年不遇的气象干旱，通过综合施策，保障了蛮河生态流量泄放、南漳县城镇供水和灌区 30.3 万亩农田灌溉供水，全面实现了水安全的既定目标。
2023 年		1 月 29 日，水利部公布第二批国家水利风景区高质量发展典型案例重点推介名单，襄阳三道河水利风景区作为湖北省唯一一家单位入选，也是襄阳市入选国家水利风景区高质量发展典型案例重点推介名单的第一家单位。 9 月 24 日，受上游降雨影响，三道河水库水位猛涨，逼近汛限水位，并在三年大旱之后首次泄洪。市水利部门统筹防汛与抗旱，用最高蓄水位作为调度标准，有效拦截了洪水，实现了防汛抗旱两手抓的目标。

参考文献

地方志

［1］《长渠志》编纂委员会．长渠志［M］．北京：方志出版社，2003.

［2］周魁一，蔡蕃．二十五史河渠志注释［M］．北京：中国书店，1990.

［3］张恒．天顺襄阳郡志［M］．上海古籍出版社，1964.

［4］中国地方志集成·湖北府县志辑·光绪襄阳府志［M］．南京：江苏古籍出版社，2001.

［5］中国地方志集成·湖北府县志辑·同治宜城县志［M］．南京：江苏古籍出版社，2001.

［6］中国地方志集成·湖北府县志辑·嘉靖宜城县志［M］．南京：江苏古籍出版社，2001.

［7］襄阳市地方志编纂委员会．襄樊市志（1979—2005）［M］．北京：方志出版社，2015.

［8］湖广通志［M］．台北：台湾商务印书馆，1975.

［9］湖北省水利志编纂委员会．湖北水利志［M］．北京：中国水利水电出版社，2000.

其他史籍

［1］李昉.太平御览［M］.北京：中华书局，1960.

［2］郦道元.水经注［M］.北京：中华书局，1984.

［3］陈寿.三国志［M］.北京：中华书局，1959.

［4］欧阳修.新唐书［M］.北京：中华书局，1975.

［5］脱脱.宋史［M］.北京：中华书局，1976.

［6］顾祖禹.读史方舆纪要［M］.北京：中华书局，2005.

［7］中国水利水电科学研究院水利史研究室.再续行水金鉴［M］.
武汉：湖北人民出版社，2004.

［8］班固：汉书［M］.北京：中华书局，2000.

［9］令狐德棻.晋书［M］.北京：中华书局，1974.

［10］沈约.宋书［M］.北京：中华书局，1974.

现代研究论著

［1］毛振培.长江水利史［M］.武汉：长江出版社，2020.

［2］颜元亮.中国历代以水代兵及其水利工程［M］.北京：中国
水利水电出版社，2022.

［3］彭雨新，张建民.明清长江流域农业水利研究［M］.武汉：
武汉大学出版社，1993.

图书在版编目（CIP）数据

渠如长藤陂塘连　田有沟洫灌与排：襄阳长渠 /
邓俊编著 . -- 武汉：长江出版社，2024.7
　（世界灌溉工程遗产研究丛书 / 谭徐明总主编 . 中国卷）
　ISBN 978-7-5492-8801-4

　Ⅰ . ①渠… Ⅱ . ①邓… Ⅲ . ①灌溉渠道 - 水利史 - 襄
阳 - 秦代 Ⅳ . ① TV632.633

　中国国家版本馆 CIP 数据核字（2023）第 056055 号

渠如长藤陂塘连　田有沟洫灌与排：襄阳长渠
QURUCHANGTENGBEITANGLIAN TIANYOUGOUXUGUANYUPAI：XIANGYANGCHANGQU
邓俊　编著

出版策划：	赵冕　张琼
责任编辑：	张琼　刘依龙
装帧设计：	汪雪　彭微
出版发行：	长江出版社
地　　址：	武汉市江岸区解放大道 1863 号
邮　　编：	430010
网　　址：	https://www.cjpress.cn
电　　话：	027-82926557（总编室）
	027-82926806（市场营销部）
经　　销：	各地新华书店
印　　刷：	湖北金港彩印有限公司
规　　格：	787mm×1092mm
开　　本：	16
印　　张：	12
彩　　页：	4
字　　数：	134 千字
版　　次：	2024 年 7 月第 1 版
印　　次：	2024 年 7 月第 1 次
书　　号：	ISBN 978-7-5492-8801-4
定　　价：	78.00 元